# 上山採藥應帶的裝備

瑞士刀
(神奇小幫手)

植物圖鑑和筆記本
(隨時對照並作紀錄用)

鉛筆和橡皮擦
(作筆記用的)

超炫墨鏡
(遮陽·順便耍酷)

遮陽帽
(山上有時太陽也很大的)

耐用的手套
(總是會遇到不友善的植物嘛!)

塑膠袋
(可裝採集來的戰利品)

超容量的背包
(愛裝什麼就裝什麼)

這玩意兒不用帶
(野外就遇得到)

登山杖
(用來打草驚蛇的)

輕巧的鏟子
(不要拿來炒菜哦!)

小型急救箱
(以備不時之需)

美味麵包
(走累了,就獎賞自己一下吧!)

園藝用的剪刀
(不是剪紙的那一種哦!)

裝滿的水壺
(記得隨時補充水分哦!)

本頁圖形文案由文興出版事業有限公司提供
著作權所有·翻印必究

切記：1. 別噴香水出門,以防惹來蚊蟲。
　　　2. 採集時請手下留情,務必留根留種。
　　　3. 注意環保,不可亂丟垃圾 。

# 臺灣藥用植物資源
# 解說手冊

黃文彬、洪心容、黃世勳、林進文 合著

FIRST PUBLISHED

2005

PRINTED IN THE REPUBLIC OF CHINA

# 目錄

本書選錄臺灣民間常用藥用植物，共計314種，分別隸屬於107科，茲依照Engler分類系統編排，並依中文名、學名、科名、別名、藥用部分、性味、效用、蘊藏量等項分別敘述。

## 1、全緣卷柏

黃世勳／攝影

學名：*Selaginella delicatula* (Desv.) Alston
科名：卷柏科*Selaginellaceae*
別名：龍鱗草、軟枝水雞爪、山枝柏。
藥用部分：全草。
性味：甘、微辛、平。
效用：全草有活血調血、清熱解毒之效，治月經不調、肝炎、痔瘡、跌打損傷、燙火傷。
蘊藏量：普通。

## 2、生根卷柏

洪心容／攝影

學名：*Selaginalla doederlenii* Hieron
科名：卷柏科*Selaginellaceae*
別名：石上柏、深緣卷柏、山扁柏、大葉菜。
藥用部分：全草。
性味：微澀、溫。
效用：全草有清熱利濕、活血祛瘀、消腫止痛之效，治急性扁桃腺炎、濕熱性黃疸、肝硬化腹水、鼻咽癌、肝癌。
蘊藏量：普通。

## 3、松葉蕨

洪心容／攝影

學名：*Psilotum nudum* (L.) Beauv.
科名：松葉蕨科*Psilotaceae*
別名：松葉蘭、鐵掃把、石寄生、龍鬚草、石刷把。
藥用部分：全草。
性味：甘、辛、溫。
效用：全草有活血通經、祛風濕、利關節之效，治風濕痹痛、坐骨神經痛、婦女經閉、吐血、跌打損傷。
蘊藏量：稀少。

## 4、尖頭瓶爾小草

黃世勳／攝影

學名：*Ophioglossum petiolatum* Hook.
科名：瓶爾小草科*Ophioglossaceae*
別名：銳頭瓶爾小草、狹葉瓶爾小草、有梗瓶爾小草、瓶爾小草、一葉草、矛盾草。
藥用部分：全草。
性味：苦、甘、寒。
效用：全草有清熱解毒、消腫止痛之效，治毒蛇咬傷、疔瘡腫毒、乳腺炎、胃痛、脘腹脹痛。亦為民間兒科要藥，治小兒疳積、小兒肺炎；外用治急性結膜炎、乳癰、無名腫毒。
蘊藏量：普通。

## 5、海金沙

黃世動 / 攝影

學名：*Lygodium japonicum* (Thunb.) Sw.
科名：海金沙科*Schizaeaceae*
別名：珍中毛仔。
藥用部分：全草。
性味：甘、淡、寒。
效用：全草有清熱解毒、利水通淋之效，治尿路感染、結石、小便不利、腎炎水腫、感冒發熱、腸炎、咽喉腫痛、筋骨疼痛。
蘊藏量：豐多。

## 6、芒萁

洪心容 / 攝影

學名：*Dicranopteris linearis* (Burm. f) Underw.
科名：裏白科*Gleicheniaceae*
別名：烏萁、山蕨、草芒、小裏白、芒萁骨、毛萁。
藥用部分：枝葉。
性味：甘、淡。
效用：枝葉有清熱解毒、祛瘀消腫、散瘀止血之效，治痔瘡、血崩、鼻衄、小兒高熱、跌打損傷、癰腫、風濕搔癢、毒蛇咬傷、火燙傷、外傷出血。
蘊藏量：豐多。

## 7、筆筒樹

洪心容 / 攝影

學名：*Cyathea lepifera* (J. Sm.) Copel.
科名：桫欏科*Cyatheaceae*
別名：山棕蕨、蛇木桫欏、山大人。
藥用部分：莖上部幼嫩部分。
性味：苦、平。
效用：嫩莖有消腫退癀之效，治乳癰、瘡癤、疔瘡、無名腫毒。
蘊藏量：普通。

## 8、日本金粉蕨

黃世動 / 攝影

學名：*Onychium japonicum* (Thunb.) Kunze
科名：鳳尾蕨科*Pteridaceae*
別名：土黃連、野雞尾、馬尾絲、鳳尾蓮。
藥用部分：全草。
性味：苦、寒。
效用：全草有清熱利濕、解毒、止血之效，治赤痢、腸胃炎。
蘊藏量：豐多。

## 9、箭葉鳳尾草

邱年永 / 攝影

學名：*Pteris ensiformis* Burm.
科名：鳳尾蕨科*Pteridaceae*
別名：雞腳草、三叉草、鳳冠草。
藥用部分：全草。
性味：甘、苦、寒。
效用：全草有清熱利濕、涼血止痢、消炎止痛之效，治痢疾、肝炎、尿道炎、鼻衄、咳血、喉痛、口腔炎。
蘊藏量：普通。

## 10、鳳尾草

邱年永 / 攝影

學名：*Pteris multifida* Poir.
科名：鳳尾蕨科*Pteridaceae*
別名：井邊草、仙人掌草、烏腳雞、鳳尾蕨。
藥用部分：全草。
性味：苦、微寒。
效用：全草有清熱利濕、涼血解毒之效，治尿道炎、肝炎、咳血、牙痛、口腔炎、白帶、痢疾。
蘊藏量：普通。

## 11、臺灣五葉松

洪心容 / 攝影

學名：*Pinus morrisonicola* Hayata
科名：松科*Pinaceae*
別名：山松柏、短毛松、五釵松、五葉松。
藥用部分：葉及樹脂。
性味：苦、澀、溫。
效用：松節油治風濕關節痛，葉止咳。
蘊藏量：普通。

## 12、木賊葉木麻黃

黃世勳 / 攝影

學名：*Casuarina equisetifolia* L.
科名：木麻黃科*Casuarinaceae*
別名：番麻黃、馭骨松、短枝木麻黃。
藥用部分：樹皮。
性味：辛、溫。
效用：樹皮有調經、催生、收斂之效，治牙疼。
蘊藏量：豐多。

## 13、山黃麻

黃世勳 / 攝影

學名：*Trema orientalis* (L.) Blume
科名：榆科*Ulmaceae*
別名：麻布樹、山羊麻、檨仔葉公。
藥用部分：根。
性味：澀、平。
效用：根有散瘀、消腫、止血之效，治腸胃出血、尿血、各種外傷出血。
蘊藏量：豐多。

## 14、黃金桂

洪心容 / 攝影

學名：*Maclura cochinchinensis* (Lour.) Corner
科名：桑科*Moraceae*
別名：萬芝、九重皮、穿破石、拓樹、白刺格仔。
藥用部分：根。
性味：微苦、涼。
效用：根有祛風利濕、活血通經之效，治風濕關節痛、勞傷、咳血、跌打。
蘊藏量：稀少。

## 15、無花果

廖隆德 / 攝影

學名：*Ficus carica* L.
科名：桑科*Moraceae*
別名：蜜果、奶漿果、文先果、品仙果。
藥用部分：果實。
性味：甘、平。
效用：果實有潤肺止咳、清熱潤腸、平肝之效，治便秘、泄瀉、喉痛、嘶聲、腫瘤。
蘊藏量：普通。

## 16、牛乳房

廖隆德 / 攝影

學名：*Ficus erecta* Thunb. var. *beecheyana* (Hook. & Arn.) King
科名：桑科*Moraceae*
別名：牛乳榕、大號牛乳埔、牛乳楠。
藥用部分：莖。
性味：甘、淡、溫。
效用：莖有補中益氣、健脾化濕、強筋健骨之效，治風濕、跌打損傷、糖尿病。
蘊藏量：豐多。

## 17、水同木

洪心容 / 攝影

學名：*Ficus fistulosa* Reinw. *ex* Blume
科名：桑科*Moraceae*
別名：豬母乳。
藥用部分：根。
性味：甘、平。
效用：根有清熱利濕、活血止痛之效，治濕熱小便不利、腹瀉、跌打腫痛。
蘊藏量：普通。

## 18、臺灣天仙果

黃世勳 / 攝影

學名：*Ficus formosana* Maxim.
科名：桑科*Moraceae*
別名：小本牛乳埔、流乳根、羊乳埔。
藥用部分：全株。
性味：甘、微澀、平。
效用：全株有柔肝和脾、清熱利濕之效，治急、慢性肝炎、腰肌扭傷、水腫、小便淋痛。
蘊藏量：普通。

## 19、榕

黃世勳 / 攝影

學名：*Ficus microcarpa* L. f.
科名：桑科*Moraceae*
別名：正榕、島榕、老公鬚、倒吊榕根
藥用部分：氣生根
性味：苦、澀、平
效用：氣生根有祛風清熱、活血之效，治感冒、頓咳、痲疹不透、乳蛾、跌打損傷。
蘊藏量：豐多。

## 20、愛玉

洪心容 / 攝影

學名：*Ficus pumila* L. var. *awkeotsang* (Makino) Corner
科名：桑科*Moraceae*
別名：愛玉子、玉枳、草子仔。
藥用部分：果實。
性味：甘、平。
效用：果實能消暑解渴。
蘊藏量：豐多。

## 21、稜果榕

洪心容／攝影

學名：*Ficus septica* Burm. f.
科名：桑科*Moraceae*
別名：大葉柿、大柿榕、牛乳榕、豬母乳、豬母乳舅。
藥用部分：樹皮。
性味：苦、寒。
效用：樹皮治魚毒及食物中毒、毒魚咬傷、癌症。
蘊藏量：豐多。

## 22、白肉榕

黃世動／攝影

學名：*Ficus virgata* Reinw. *ex* Blume
科名：桑科*Moraceae*
別名：菲律賓榕、島榕。
藥用部分：根。
性味：苦、寒。
效用：根有清熱利濕、助脾運化之效，治風濕關節炎、腫瘡、腸炎。
蘊藏量：普通。

## 23、葎草

黃世動／攝影

學名：*Humulus scandens* (Lour.) Merr.
科名：桑科*Moraceae*
別名：山苦瓜、苦瓜草、野苦瓜、玄乃草、鳥仔蔓。
藥用部分：全草
性味：甘、苦、寒。
效用：全草有清熱解毒、利尿消腫之效，治淋症、小便淋痛、瘧疾、泄瀉、痔瘡、風熱咳喘、健胃、強壯。
蘊藏量：豐多。

## 24、小葉桑

洪心容／攝影

學名：*Morus australis* Poir.
科名：桑科*Moraceae*
別名：雞桑、桑材仔、桑仔樹、梁樹、野桑、娘仔葉樹。
藥用部分：葉、根或根皮。
性味：辛、甘、寒。
效用：葉有清熱解毒之效，治感冒咳嗽。根或根皮有瀉肺火、利尿之效，治肺熱咳嗽、水腫、腹瀉、黃疸。
蘊藏量：豐多。

## 25、水麻

黃世勳 / 攝影

學名：*Debregeasia edulis* (Sieb. & Zucc.)Wedd.
科名：蕁麻科*Urticaceae*
別名：水麻仔、麻仔、柳莓。
藥用部分：全草。
性味：甘、涼、
效用：全草有解表清熱、活血、利濕之效，治小兒驚風、麻疹不透、風濕、咳血、痢疾、跌打損傷、毒瘡。
蘊藏量：豐多。

## 26、小葉冷水麻

洪心容 / 攝影

學名：*Pilea microphylla* (L.) Liebm.
科名：蕁麻科*Urticaceae*
別名：透明草、小號珠仔草、小葉冷水花、小葉冷水草、小還魂。
藥用部分：全草。
性味：淡、澀、涼。
效用：全草有清熱解毒、祛火降壓、生髮之效，治癰瘡腫瘤、血熱諸症、鼻炎、肝炎、無名腫毒、跌打；外用治燒、燙傷。
蘊藏量：豐多。

## 27、霧水葛

洪心容 / 攝影

學名：*Pouzolzia zeylanica* (L.) Benn.
科名：蕁麻科*Urticaceae*
別名：石薯仔、全緣葉水雞油、膿見消、拔膿膏、多枝露水葛。
藥用部分：全草。
性味：甘、涼。
效用：全草有清熱利濕、解毒排膿、去腐生肌、消腫、利水通淋之效，治瘡瘍癤疽、乳癰、風火牙痛、痢疾、腹瀉、小便淋痛、白濁。
蘊藏量：普通。

## 28、山龍眼

黃世勳 / 攝影

學名：*Helicia formosana* Hemsl.
科名：山龍眼科*Proteaceae*
別名：菜甫筋。
藥用部分：根。
性味：澀、涼。
效用：根有收斂、解毒之效，治腸炎、腹瀉、食物中毒。
蘊藏量：豐多。

## 29、蕎麥

黃世勳／攝影

學名：*Fagopyrum esculentum* Moench
科名：蓼科*Polygonaceae*
別名：花麥、甜麥、烏麥。
藥用部分：種子。
性味：甘、涼。
效用：種子有降氣寬腸、積滯、消腫毒之效，治腸胃積滯、泄瀉、癰疽發背、火燙傷。
蘊藏量：普通。

## 30、竹節蓼

洪心容／攝影

學名：*Muehlenbeckia platyclada* (F. V. Muell.) Meisn.
科名：蓼科*Polygonaceae*
別名：蜈蚣草、扁竹、扁節蓼、節節花、對節蓼、百足草。
藥用部分：全草。
性味：甘、淡、微寒。
效用：全草有清熱解毒、散瘀消腫、生新止癢之效，治癰瘡腫痛、跌打損傷、蛇蟲咬傷。
蘊藏量：普通。

## 31、火炭母草

洪心容／攝影

學名：*Polygonum chinense* L.
科名：蓼科*Polygonaceae*
別名：冷飯藤、秤飯藤、斑鳩飯。
藥用部分：全草。
性味：酸、甘、涼。
效用：全草有清熱解毒、利濕消滯、涼血止癢、明目退翳、散瘀涼血之效，治肝炎、黃疸、痢疾、風熱咽痛、跌打。
蘊藏量：豐多。

## 32、虎杖

黃世勳／攝影

學名：*Polygonum cuspidatum* Sieb. & Zucc.
科名：蓼科*Polygonaceae*
別名：土川七、黃肉川七。
藥用部分：根及粗莖。
性味：苦、平。
效用：根及粗莖有清熱解毒、止痛止癢、祛風、利濕消腫、破瘀通經之效，治風濕痛、黃疸、跌打損傷。
蘊藏量：豐多。

## 33、紅雞屎藤

洪心容／攝影

學名：*Polygonum multiflorum* Thunb. *ex* Murray var. *hypoleucum* (Ohwi) Liu ,Ying & Lai
科名：蓼科*Polygonaceae*
別名：紅骨蛇、臺灣何首烏、五德藤。
藥用部分：全草。
性味：辛、酸、溫、小毒。
效用：全草有鎮咳、祛風、祛痰之效，治感冒咳嗽、風濕；外敷刀傷。
蘊藏量：普通。

## 34、扛板歸

黃世勳／攝影

學名：*Polygonum perfoliatum* L.
科名：蓼科*Polygonaceae*
別名：三角鹽酸、犁壁刺、刺犁頭、穿葉蓼。
藥用部分：全草。
性味：酸、平。
效用：全草有清熱、解毒、止咳、消腫、利尿之效，治百日咳、氣管炎、上呼吸道感染、急性扁桃腺炎、腎炎、水腫、高血壓、黃疸、泄瀉、瘧疾、頓咳、濕疹、疥癬。
蘊藏量：普通。

## 35、假萹蓄

黃世勳／攝影

學名：*Polygonum plebeium* R. Br.
科名：蓼科*Polygonaceae*
別名：節花路蓼、鐵馬齒莧、小扁蓄。
藥用部分：全草。
性味：苦、寒。
效用：全草有利尿通淋、清熱解毒、殺蟲止癢之效，治小便短赤、膀胱熱淋、淋瀝澀痛、皮膚濕疹、陰癢帶下、惡瘡疥癬、淋濁、蛔蟲病。
蘊藏量：豐多。

## 36、羊蹄

洪心容／攝影

學名：*Rumex crispus* L. var. *japonicus* (Houtt.) Makino
科名：蓼科*Polygonaceae*
別名：殼菜、土大黃。
藥用部分：根。
性味：苦、寒。
效用：根有清熱通便、利水、涼血止血、殺蟲止癢之效，治大便燥結、淋濁、黃疸、吐血、衄血、腸風便血、痔血、崩漏、疥癬、白禿、癰瘡、跌打。
蘊藏量：普通。

## 37、九重葛

洪心容 / 攝影

學名：*Bougainvillea spectabilis* Willd.
科名：紫茉莉科*Nyctaginaceae*
別名：南美紫茉莉、刺仔花、洋紫茉莉、葉似花、龜花。
藥用部分：花。
性味：苦、澀、溫。
效用：花有調和氣血之效，治月經不調。
蘊藏量：豐多。

## 38、紫茉莉

黃世勳 / 攝影

學名：*Mirabilis jalapa* L.
科名：紫茉莉科*Nyctaginaceae*
別名：煮飯花、夜飯花、胭脂花、晚香花。
藥用部分：塊根。
性味：甘、淡、涼。
效用：塊根有利尿瀉熱、活血散瘀、解毒之效，治熱淋、淋濁、帶下、肺癆咳嗽、關節痛、癰瘡腫毒、乳癰、跌打、胃潰瘍、胃出血，為治肺癰之要藥。
蘊藏量：普通。

## 39、番杏

黃世勳 / 攝影

學名：*Tetragonia tetragonoides* (Pall.) Kuntze
科名：番杏科*Aizoaceae*
別名：毛菠菜、法國菠菜、洋波菜。
藥用部分：全草。
性味：甘、微辛、平。
效用：全草有清熱解毒、祛風消腫之效，治腸炎泄瀉、敗血症、疔瘡紅腫、風熱目赤、胃癌、食道癌、子宮頸癌。
蘊藏量：豐多。

## 40、馬齒莧

洪心容 / 攝影

學名：*Portulaca oleracea* L.
科名：馬齒莧科*Portulacaceae*
別名：瓜子菜、五行草、豬母菜、豬母乳、長命菜。
藥用部分：全草。
性味：酸、寒。
效用：全草有清熱解毒、散瘀消腫、涼血止血、除濕通淋之效，治熱痢膿血、血淋、癰腫、丹毒、燙傷、帶下。
蘊藏量：豐多。

## 41、假人參

黃世勳 / 攝影

學名：*Talinum paniculatum* (Jacq.) Gaertn.
科名：馬齒莧科*Portulacaceae*
別名：土人參、參仔菜、錐花土人參。
藥用部分：全草。
性味：甘、平。
效用：全草有利尿消腫、潤肺止咳、調經健脾之效，治泄瀉、濕熱性黃疸、內痔出血、乳汁不足、小兒疳積、脾虛勞倦、肺癆咳血、月經不調；外用治目赤腫痛。
蘊藏量：豐多。

## 42、藤三七

洪心容 / 攝影

學名：*Anredera cordifolia* (Tenore) Van Steenis
科名：落葵科*Basellaceae*
別名：洋落葵、雲南白藥、落葵薯、黏藤。
藥用部分：珠芽。
性味：甘、淡、涼。
效用：珠芽有滋補、壯腰膝、消腫散瘀之效。
蘊藏量：豐多。

## 43、落葵

洪心容 / 攝影

學名：*Basella alba* L.
科名：落葵科*Basellaceae*
別名：藤菜、藤葵、胭脂菜、軟筋菜。
藥用部分：莖葉。
性味：甘、淡、涼。
效用：莖葉有清熱解毒、滑腸之效，治闌尾炎、痢疾、便秘、便血、膀胱炎、小便短澀、關節腫痛、濕疹。
蘊藏量：普通。

## 44、紅茂草

黃世勳 / 攝影

學名：*Dianthus caryophyllus* L.
科名：石竹科*Caryophyllaceae*
別名：康乃馨、荷蘭瞿麥、香剪絨花。
藥用部分：全草。
性味：甘、淡、溫。
效用：全草有解毒消腫、清熱利尿、破血通便之效，治癰疽、瘡腫。
蘊藏量：豐多。

## 45、石竹

洪心容／攝影

學名：*Dianthus chinensis* L.
科名：石竹科*Caryophyllaceae*
別名：剪絨花、洛陽花。
藥用部分：帶花全草。
性味：苦、寒。
效用：全草有破血通經、利尿通淋之效，治經閉、小便不通、熱淋、血淋、石淋、水腫、目赤腫痛、癰腫瘡毒、濕瘡搔癢。
蘊藏量：豐多。

## 46、菁芳草

黃世勳／攝影

學名：*Drymaria diandra* Blume
科名：石竹科*Caryophyllaceae*
別名：荷蓮豆草、乳豆草、蚋仔草、野豌豆草。
藥用部分：全草。
性味：苦、微酸、涼。
效用：全草有清熱解毒、利尿消腫、活血通便之效，治急性肝炎、黃疸、胃痛、瘧疾、腹水、便秘、瘡癤、癰腫、風濕、腳氣、蛇傷、跌打、骨折。
蘊藏量：豐多。

## 47、臭杏

洪心容／攝影

學名：*Chenopodium ambrosioides* L.
科名：藜科*Chenopodiaceae*
別名：土荊芥、臭川芎、殺蟲芥、鉤蟲草、狗咬癀。
藥用部分：全草。
性味：辛、苦、溫、小毒。
效用：全草有祛風除濕、殺蟲止癢、通經活血之效，治風濕痹痛、經閉、痛經、蛇蟲咬傷、鉤蟲病、蛔蟲病、蟯蟲病、頭風、皮膚濕疹、疥癬、口舌生瘡、咽喉腫痛、跌打。
蘊藏量：普通。

## 48、小葉灰藋

黃世勳／攝影

學名：*Chenopodium serotinum* L.
科名：藜科*Chenopodiaceae*
別名：小藜、粉子藥、灰藋。
藥用部分：全草。
性味：甘、苦、涼。
效用：全草有清熱利濕、止癢透疹、解毒殺蟲之效，治風熱感冒、肺熱咳嗽、腹瀉、細菌性痢疾、蕁麻疹、疥癬、濕瘡、白癜風、蟲咬傷、濕毒、瘡癬搔癢。
蘊藏量：豐多。

## 49、土牛膝

黃世杰／攝影

學名：*Achyranthus aspera* L. var. *indica* L.
科名：莧科*Amaranthaceae*
別名：撮鼻草、牛掇鼻、印度牛膝。
藥用部分：全草。
性味：苦、辛、寒。
效用：全草有清熱解表、消腫利尿之效，治感冒發熱、咽喉痛、腎炎、風濕關節炎。
蘊藏量：普通。

## 50、滿天星

黃世勳／攝影

學名：*Alternanthera sessilis* (L.) R. Br.
科名：莧科*Amaranthaceae*
別名：紅田烏、田烏草、紅花蜜菜、蓮子草。
藥用部分：全草。
性味：苦、涼。
效用：全草有清熱、利尿、解毒之效，治咳嗽吐血、腸風下血、淋病、腎臟病、痢疾。
蘊藏量：豐多。

## 51、刺莧

洪心容／攝影

學名：*Amaranthus spinosus* L.
科名：莧科*Amaranthaceae*
別名：假莧菜、白刺莧。
藥用部分：全草。
性味：甘、寒。
效用：全草有清熱利濕、解毒消腫、涼血止血之效，治痢疾、胃出血、便血、膽囊炎、濕熱泄瀉、浮腫、帶下、膽結石、瘰癧、痔瘡、喉痛、蛇傷、小便澀痛、牙齦糜爛。
蘊藏量：普通。

## 52、野莧菜

黃世勳／攝影

學名：*Amaranthus viridis* L.
科名：莧科*Amaranthaceae*
別名：山杏菜、鳥莧、綠莧。
藥用部分：全草。
性味：甘、淡、涼。
效用：全草有清熱、解毒、利濕之效，治痔瘡、帶濁、經痛、痢疾、小便赤澀、蛇蟲螫傷、牙疳。
蘊藏量：豐多。

## 53、青葙

黃世勳 / 攝影

學名：*Celosia argentea* L.
科名：莧科*Amaranthaceae*
別名：白雞冠、野雞冠、狗尾莧。
藥用部分：種子。
性味：苦、涼。
效用：種子有清肝、明目、退翳之效，治肝熱目赤、眼生翳膜、視物昏花、肝火眩暈、風濕、障翳、疥癩。
蘊藏量：普通。

## 54、雞冠花

洪心容 / 攝影

學名：*Celosia cristata* L.
科名：莧科*Amaranthaceae*
別名：白雞冠花、雞髻花、雞公花、雞冠頭。
藥用部分：花序。
性味：甘、涼。
效用：花序有清熱、止血、收澀、止帶、止痢之效，治吐血、崩漏、痔血、帶下、久痢不止。
蘊藏量：豐多。

## 55、伏生千日紅

黃世勳 / 攝影

學名：*Gomphrena celosioides* Mart.
科名：莧科*Amaranthaceae*
別名：假千日紅、銀花莧。
藥用部分：全草。
性味：甘、淡、涼
效用：全草有清熱利濕、涼血止血之效，治痢疾。
蘊藏量：普通。

## 56、千日紅

郭昭麟 / 攝影

學名：*Gomphrena globosa* L.
科名：莧科*Amaranthaceae*
別名：圓仔花、千年紅、球形雞冠花。
藥用部分：全草。
性味：甘、平。
效用：全草有清肝明目、平喘止咳、涼血止痙之效，治支氣管炎、哮喘、頭暈、眼痛、痢疾、頭風、頓咳、小兒驚風、瘰癧、瘡瘍。
蘊藏量：普通。

## 57、夜合花

黃世勳 / 攝影

學名：*Magnolia coco* (Lour.) DC.
科名：木蘭科*Magnoliaceae*
別名：香港玉蘭、夜合、夜合根、夜香木蘭。
藥用部分：花。
性味：苦、微溫。
效用：花有理氣止痛、行氣散瘀、止咳止帶之效，治肝鬱氣痛、乳房脹痛、疝氣痛、癥瘕、帶下、咳嗽氣喘、失眠、四肢浮腫、跌打損傷。
蘊藏量：普通。

## 58、洋玉蘭

洪心容 / 攝影

學名：*Magnolia grandiflora* L.
科名：木蘭科*Magnoliaceae*
別名：泰山木、荷花玉蘭、大花木蘭、廣木蘭。
藥用部分：花、樹皮。
性味：辛、溫。
效用：花有祛風散寒、行氣止痛之效，治外感風寒、鼻塞頭痛。樹皮有燥濕、行氣止痛之效，治氣滯胃痛。
蘊藏量：普通。

## 59、白玉蘭

洪心容 / 攝影

學名：*Michelia alba* DC.
科名：木蘭科*Magnoliaceae*
別名：玉蘭花、香花、白蘭、白緬花。
藥用部分：花、葉。
性味：苦、辛、微溫。
效用：花有止咳化痰、芳香化濕、行氣通竅、利尿之效，治氣滯腹脹、帶下、鼻塞。葉有芳香化濕、止咳化痰、利尿之效，治小便淋痛、老年咳嗽氣喘。
蘊藏量：豐多。

## 60、含笑花

黃世勳 / 攝影

學名：*Michelia fuscata* (Andrews.) Blume
科名：木蘭科*Magnoliaceae*
別名：含笑、含笑梅。
藥用部分：木材。
性味：辛、苦、平。
效用：木材有消炎之效。
蘊藏量：普通。

## 61、番荔枝

黃世勳 / 攝影

學名：*Annona squamosa* L.
科名：番荔枝科*Annonaceae*
別名：釋迦、香朵、釋迦果、佛頭果。
藥用部分：根、葉。
性味：根，苦、寒。葉，苦、澀、涼。
效用：根有清熱解毒、解鬱、止血之效，治痢疾、精神抑鬱。葉有收斂、解毒之效，治小兒脫肛、惡瘡腫毒。
蘊藏量：普通。

## 62、鷹爪花

洪心容 / 攝影

學名：*Artabotrys hexapetalus* (L. f.) Bhandari
科名：番荔枝科*Annonaceae*
別名：油蘭、香花、雞爪蘭、鷹爪桃、鷹爪蘭。
藥用部分：根、果實。
性味：根，苦、寒。果實，微苦、澀、涼。
效用：根有殺蟲之效，治瘧疾。果實有清熱解毒之效，治瘰癧。
蘊藏量：普通。

## 63、香水樹

黃世勳 / 攝影

學名：*Canaga odorata* (Lam.) Hook. f. & Thoms.
科名：番荔枝科*Annonaceae*
別名：加拿楷、依蘭香。
藥用部分：花。
性味：苦、寒。
效用：花治頭痛、目赤痛風，芳香油為重要的化工原料。
蘊藏量：普通。

## 64、南五味

邱年永 / 攝影

學名：*Kadsura japonica* (L.) Dunal
科名：五味子科*Schisandraceae*
別名：紅骨蛇、內風消、內骨消、南五味子、美男葛。
藥用部分：根及藤。
性味：辛、澀、苦、微寒。
效用：根及藤有解熱、止渴、鎮痛、散風、舒筋、涼血止痢、消腫、行血之效。治風濕病、跌打損傷。
蘊藏量：普通。

## 65、蟳纏藤

黃世勳 / 攝影

學名：*Cassytha filiformis* L.
科名：樟科*Lauraceae*
別名：無根草、無根藤、羅網藤、無頭藤。
藥用部分：全草。
性味：甘、苦、寒、有小毒。
效用：全草有清熱利濕、涼血止血、利濕之效，治感冒發熱、肺熱咳嗽、肝炎、黃疸、痢疾、咯血、尿血、水腫、石淋、濕疹、瘤腫、淋病。
蘊藏量：豐多。

## 66、樟

洪心容 / 攝影

學名：*Cinnamomum camphora* (L.) Presl
科名：樟科*Lauraceae*
別名：樟樹、香樟、紅樟、烏樟、油樟、樟腦樹。
藥用部分：全株。
性味：根、材：辛、溫、香。
效用：根、材有祛風散寒、溫中健胃、止癢止痛之效。根、幹、枝、葉，通竅、殺蟲、止痛，可提製樟腦，治心腹脹痛、牙痛、跌打、疥癬。
蘊藏量：豐多。

## 67、山胡椒

洪心容 / 攝影

學名：*Litsea cubeba* (Lour.) Pers.
科名：樟科*Lauraceae*
別名：木薑子樹、山雞椒、香樟、畢澄茄。
藥用部分：根、莖、果實。
性味：辛、溫。
效用：果實有暖脾胃、健胃之效，治食積、痢疾。根及莖有祛風除濕、理氣止痛之效，治風濕、胃痛。
蘊藏量：豐多。

## 68、小梗木薑子

黃世勳 / 攝影

學名：*Litsea hypophaea* Hayata
科名：樟科*Lauraceae*
別名：黃肉楠、鐵屎楠。
藥用部分：根
性味：辛、溫。
效用：根有芳香健胃、行氣止痛之效。
蘊藏量：普通。

## 69、紅楠

黃世勳／攝影

學名：*Machilus thunbergii* Sieb. & Zucc.
科名：樟科*Lauraceae*
別名：豬腳楠、臭屎楠、鳥楠、鼻涕楠、蘭嶼豬腳楠。
藥用部分：根。
性味：辛、溫。
效用：根有舒筋活血、消腫止痛之效，治扭挫傷、吐瀉。
蘊藏量：普通。

## 70、白花菜

洪心容／攝影

學名：*Cleome gynandra* L.
科名：白花菜科*Capparidaceae*
別名：五葉蓮、羊角菜。
藥用部分：全草。
性味：全草，苦、辛、溫、有小毒。種子，苦、辛、小毒。
效用：全草有袪風散寒、活血止痛、解毒消腫之效，治風濕、跌打、痔瘡、帶下、瘧疾、痢疾。種子有散風袪濕、活血止痛之效；外用治痔瘡、風濕痹痛、瘧疾。
蘊藏量：普通。

## 71、西洋白花菜

洪心容／攝影

學名：*Cleome spinosa* Jacq.
科名：白花菜科*Capparidaceae*
別名：醉蝶花、擬蝶花、紫龍鬚。
藥用部分：全草
性味：辛、澀、平、有小毒。
效用：全草有袪風散寒、殺蟲止癢之效。
蘊藏量：普通。

## 72、蓮葉桐

黃世勳／攝影

學名：*Hernandia Sonora* L.
科名：蓮葉桐科*Hernandiaceae*
別名：臘樹、濱桐。
藥用部分：全株。
性味：澀、平。
效用：全株可抗癌、神經系統及心血管疾病。
蘊藏量：普通。

## 73、毛茛

黃世勳 / 攝影

學名：*Ranunculus japonicus* Thunb.
科名：毛茛科*Ranunculaceae*
別名：大本山芹菜、野芹菜、金鳳花。
藥用部分：全草。
性味：辛、溫、有毒。
效用：全草有退癀、定喘、截瘧、鎮痛之效，治瘧疾、黃疸、哮喘、偏頭痛、胃痛、風濕、關節痛、牙痛、跌打損傷、癰腫。
蘊藏量：豐多。

## 74、石龍芮

洪心容 / 攝影

學名：*Ranunculus sceleratus* L.
科名：毛茛科*Ranunculaceae*
別名：水芹菜、貓爪草、苦堇、水堇。
藥用部分：全草。
性味：辛、苦、溫、小毒。
效用：全草有補陰潤燥、祛風除濕、利關節、清熱解毒、消腫止痛、截瘧之效，治癰瘤腫毒、毒蛇咬傷、瘰癧、風濕關節痛、牙痛、瘧疾。
蘊藏量：豐多。

## 75、八角蓮

張永勳 / 攝影

學名：*Dysosma pleiantha* (Hance) Woodson
科名：小蘗科*Berberidaceae*
別名：獨腳蓮、八角盤、鬼臼。
藥用部分：根莖。
性味：苦、辛、平、有毒。
效用：根莖有清熱解毒、祛瘀消腫、化痰散結之效，治癰腫疔瘡、瘰癧、喉痛、咳嗽、痺症、跌打、毒蛇咬傷。
蘊藏量：稀少。

## 76、狹葉十大功勞

黃世勳 / 攝影

學名：*Mahonia fortunei* (Lindl.) Fedde
科名：小蘗科*Berberidaceae*
別名：福氏十大功勞、細葉十大功勞。
藥用部分：全株。
性味：微苦、寒。
效用：全株有清熱、解毒、止痢之效，治肺熱咳嗽、痢疾、泄瀉、黃疸、關節痛、目赤、濕疹、瘡毒、燒、燙傷。
蘊藏量：普通。

## 77、十大功勞

廖隆德／攝影

學名：*Mahonia japonica* (Thunb. *ex* Murray) DC.
科名：小蘗科*Berberidaceae*
別名：老鼠刺、老鼠子刺、山黃柏、刺黃柏、角刺茶。
藥用部分：全株。
性味：苦、寒。
效用：全株有清熱瀉火、消腫解毒之效，治泄瀉、黃疸、肺癆、潮熱、目赤、帶下、風濕關節痛、癰瘡。
蘊藏量：普通。

## 78、阿里山十大功勞

黃世勳／攝影

學名：*Mahonia oiwakensis* Hayata
科名：小蘗科*Berberidaceae*
別名：二色葉十大功勞、玉山十大功勞、玉山蘗木。
藥用部分：全株。
性味：苦、寒。
效用：全株有清熱、解毒之效，治感冒、支氣管炎、喉痛、牙痛、急性胃腸炎、痢疾、傳染性肝炎、風濕關節痛；外用治結膜炎、瘡癤、濕疹、燒、燙傷。
蘊藏量：普通。

## 79、南天竹

洪心容／攝影

學名：*Nandina domestica* Thunb.
科名：小蘗科*Berberidaceae*
別名：天竹、闌天竹。
藥用部分：根、莖、葉
性味：苦、寒。
效用：全株有清熱解毒、活血涼血、祛風止痛之效，治目赤、消化不良、小便淋痛、感冒發燒、風濕痛。
蘊藏量：普通。

## 80、芡

黃世勳／攝影

學名：*Euryale ferox* Salisb.
科名：睡蓮科*Nymphaeaceae*
別名：雞雍、雞頭、雁啄、芡實。
藥用部分：種仁。
性味：甘、澀、平。
效用：種仁有益腎固精、補脾止瀉、祛濕止帶之效，治夢遺、滑精、遺尿、尿頻、脾虛久瀉、白濁、帶下。
蘊藏量：稀少。

## 81、魚腥草

洪心容／攝影

學名：*Houttuynia cordata* Thunb.
科名：三白草科*Saururaceae*
別名：蕺、臭瘻草、狗貼耳
藥用部分：全草。
性味：辛、涼、酸、微寒。
效用：全草有清熱解毒、消癰排膿、利尿通淋之效，治肺癰、肺熱咳嗽、小便淋痛、水腫；外用治癰腫瘡毒、毒蛇咬傷。
蘊藏量：普通。

## 82、三白草

黃世勳／攝影

學名：*Saururus chinensis* (Lour.) Baill.
科名：三白草科*Saururaceae*
別名：水檳榔、水茗仔
藥用部分：全草。
性味：辛、甘、寒。
效用：全草有清熱利尿、消腫解毒之效，治小便淋痛、石淋、水腫、帶下；外用治瘡癰、皮膚濕疹、毒蛇咬傷。
蘊藏量：普通。

## 83、蒟醬

黃世勳／攝影

學名：*Piper betle* L.
科名：胡椒科*Piperaceae*
別名：茗藤、茗葉、青茗葉、青蔞。
藥用部分：藤莖。
性味：辛、微甘、溫。
效用：藤莖有溫中、祛風散寒、消腫止痛、化痰止癢之效，治風寒咳嗽、胃寒痛、消化不良、腹脹、瘡癤、濕疹。
蘊藏量：豐多。

## 84、風藤

洪心容／攝影

學名：*Piper kadsura* (Choisy) Ohwi
科名：胡椒科*Piperaceae*
別名：細葉青蔞藤、大風藤、海風藤、爬岩香。
藥用部分：藤莖。
性味：辛、苦、微溫
效用：藤莖有祛風濕、通經絡、理氣之效，治風濕、跌打損傷。
蘊藏量：豐多。

## 85、四葉蓮

黃世勳／攝影

學名：*Chloranthus oldhamii* Solms.
科名：金粟蘭科*Chloranthaceae*
別名：四季春、臺灣及己
藥用部分：全草。
性味：苦、平。
效用：全草有活血祛瘀、解毒消腫之效，治經閉、瘀血腫痛、風濕痛、跌打、毒蛇咬傷。
蘊藏量：普通。

## 86、金粟蘭

洪心容／攝影

學名：*Chloranthus spicatus* Makino
科名：金粟蘭科*Chloranthaceae*
別名：珠蘭、眞珠蘭、雞爪蘭、魚子蘭。
藥用部分：全草。
性味：甘、辛、溫
效用：全草有活血、祛風、止痛之效，治風濕痛、跌打損傷；外用治疗瘡。
蘊藏量：普通。

## 87、九節茶

洪心容／攝影

學名：*Sarcandra glabra* (Thunb.) Nakai
科名：金粟蘭科*Chloranthaceae*
別名：紅果金粟蘭、接骨木、草珊瑚、觀音茶、腫節風、桃葉珊瑚。
藥用部分：全草。
性味：苦、辛、平、小毒。
效用：全草有清熱、解毒、通經、接骨之效，治感冒、肺熱咳嗽、痢疾、腸癰、瘡瘍腫毒、風濕痛、跌打。
蘊藏量：普通。

## 88、瓜葉馬兜鈴

黃世勳／攝影

學名：*Aristolochia cucurbitifolia* Hayata
科名：馬兜鈴科*Aristolochiaceae*
別名：青木香、木香、本黃藤。
藥用部分：根。
性味：苦、寒
效用：根有解毒、消腫之效，治毒蛇咬傷、眩暈、頭痛、腹痛、外傷。
蘊藏量：普通。

## 89、彩花馬兜鈴

洪心容 / 攝影

學名：*Aristolochia elegans* Mast.
科名：馬兜鈴科*Aristolochiaceae*
別名：棉布花、煙斗花藤。
藥用部分：根、莖。
性味：苦、寒。
效用：根、莖治蛇傷、消化不良。
蘊藏量：普通。

## 90、港口馬兜鈴

黃世勳 / 攝影

學名：*Aristolochia zollingeriana* Miq.
科名：馬兜鈴科*Aristolochiaceae*
別名：卵葉馬兜鈴、耳葉馬兜鈴。
藥用部分：根。
性味：苦、辛、寒。
效用：根有祛風止痛、止咳化痰、清熱下氣、行氣利水、利濕消腫、平喘、解毒之效，治小便淋痛、水腫、風濕痛、疔瘡癰腫、瘰癧、胃痛、痢疾、肝炎、蛇傷、腹痛、赤痢、筋骨痛、高血壓、疝氣、支氣管炎、癌症。
蘊藏量：稀少。

## 91、大頭茶

洪心容 / 攝影

學名：*Gordonia axillaris* (Roxb.) Dietr.
科名：山茶科*Theaceae*
別名：山茶花、山茶、花東青、大山皮。
藥用部分：莖皮，花。
性味：莖皮，辛、溫。花，辛、澀、溫。
效用：莖皮有活絡止痛之效，治風濕腰痛、跌打損傷。花有溫中止瀉之效，治虛寒泄瀉。
蘊藏量：豐多。

## 92、瓊崖海棠

黃世勳 / 攝影

學名：*Calophyllum inophyllum* L.
科名：金絲桃科(福木科)*Guttiferae*
別名：胡桐、紅厚殼。
藥用部分：根、葉。
性味：微苦、平。
效用：根有祛瘀止痛之效，治風濕痛、跌打損傷、痛經。葉治外傷出血。樹皮、果實，治鼻衄、鼻塞、耳聾。種子油，治皮膚病。
蘊藏量：普通。

## 93、地耳草

邱年永／攝影

學名：*Hypericum japonicum* Thunb. *ex* Murray
科名：金絲桃科(福木科)*Guttiferae*
別名：金絲桃、向天盞、對月草、七寸金、鐵釣竿、田基黃、蛇細草。
藥用部分：全株。
性味：辛、苦、平、有小毒。
效用：全草有清熱利濕、散瘀消腫、止痛之效，治肝炎、腸癰、癰癤、目赤、口瘡、蛇蟲咬傷、火燙傷。
蘊藏量：普通。

## 94、油菜

黃世勳／攝影

學名：*Brassica campestris* L. subsp. *chinensis* Makino
科名：十字花科*Cruciferae*
別名：青菜、小白菜、江門白菜。
藥用部分：全草及種子。
性味：全草：辛、涼。種子：辛、溫。
效用：全草有散血、消腫之效，治勞傷吐血、丹毒、熱瘡。種子有行血、破氣消腫、散結之效，治產後泄瀉、血痢、腫毒、乳癰。
蘊藏量：豐多。

## 95、細葉碎米薺

洪心容／攝影

學名：*Cardamine flexuosa* With.
科名：十字花科*Cruciferae*
別名：焊菜、彎曲碎米薺、小葉碎米薺。
藥用部分：全草。
性味：甘、淡、平。
效用：全草有清熱利濕、解毒消炎、養心安神、收斂、止帶之效，治痢疾、淋症、小便澀痛、心悸、失眠、帶下、膀胱炎、尿道炎、痢疾、疔瘡、便秘。種子有利尿之效。
蘊藏量：豐多。

## 96、山葵

黃世勳／攝影

學名：*Eutrema japonica* (Miq.) Koidz.
科名：十字花科*Cruciferae*
別名：山蔜菜。
藥用部分：莖。
性味：辛、寒。
效用：莖有促進食慾、殺菌、防腐、鎮痛之效，治神經痛、關節炎、魚鳥肉中毒。
蘊藏量：普通。

## 97、北美獨行菜

黃世勳 / 攝影

學名：*Lepidium virginicum* L.
科名：十字花科*Cruciferae*
別名：獨行菜、美洲獨行菜、小團扇薺、
圓菓薺。
藥用部分：種子。
性味：甘、辛、苦、微寒。
效用：種子有下氣、行水之效，治肺癰喘
急、痰飲咳嗽、水腫脹滿、蟲積腹脹、小
便淋痛。
蘊藏量：豐多。

## 98、萊菔

洪心容 / 攝影

學名：*Raphanus sativus* L.
科名：十字花科*Cruciferae*
別名：蘿蔔。
藥用部分：全株。
性味：種子，辛、甘、平。葉，辛、苦、
平。
效用：種子有化痰止咳、下氣平喘、消食
止痛、消渴之效，治痰喘咳嗽、食積脹
滿、飲食停滯、大便秘結、積滯瀉痢。
莖、葉有理氣、化痰、清熱解毒、消食解
渴之效，治胸脅脹悶、咽喉痛。根有消食
積、利尿消腫之效，治胃脘疼痛。
蘊藏量：普通。

## 99、華八仙

洪心容 / 攝影

學名：*Hydrangea chinensis* Maxim.
科名：虎耳草科*Saxifragaceae*
別名：土常山、長葉溲疏、粉團綉球。
藥用部分：全株。
性味：根、葉，辛、酸、涼、有小毒。
效用：根有利尿、抗瘧、袪瘀止痛、活血
生新之效，治跌打損傷、骨折、麻疹。
蘊藏量：普通。

## 100、虎耳草

黃世勳 / 攝影

學名：*Saxifraga stolonifera* Meerb.
科名：虎耳草科*Saxifragaceae*
別名：豬耳草、石荷葉。
藥用部分：全草。
性味：微苦、辛、寒、有小毒。
效用：全草有袪風、清熱涼血、消腫解毒
之效，治風疹、吐血、治中耳炎、咳嗽、
咳血牙痛、瘰癧、凍瘡、濕疹、皮膚瘙
癢、癰腫疔毒、蜂蠍螫傷。
蘊藏量：普通。

## 101、臺灣海桐

洪心容／攝影

學名：*Pittosporum pentandrum* (Blanco) Merr.
科名：海桐科*Pittosporaceae*
別名：十里香、雞榆、七里香。
藥用部分：根、葉。
性味：根，苦、辛、溫。種子，苦、寒。
效用：根有祛風、止痛、活血之效，治跌打損傷、解渴。葉治痢疾。樹皮治關節痛、膚癢、多種皮膚病、疔癰。樹脂治創傷。
蘊藏量：普通。

## 102、海桐

黃世勳／攝影

學名：*Pittosporum tobira* Ait.
科名：海桐科*Pittosporaceae*
別名：海桐花、七里香。
藥用部分：根及果實。
性味：根，苦、辛、溫。種子，苦、寒。
效用：樹皮治皮膚病。枝葉，外洗止膚癢。葉，外用治疥瘡。根有祛風活絡、散瘀止痛之效。果實治疝氣痛。
蘊藏量：稀少。

## 103、龍芽草

黃世勳／攝影

學名：*Agrimonia pilosa* Ledeb.
科名：薔薇科*Rosaceae*
別名：龍牙草、仙鶴草、黃龍芽、草龍芽、馬尾絲、牛尾花、牛尾草。
藥用部分：全草。
性味：苦、澀、平。
效用：全草有收斂止血、截瘧、止痢之效，治脫力勞傷、腸出血、胃潰瘍出血，月經過多症、吐血、尿血、崩漏、跌打出血、腹瀉、瘧疾。
蘊藏量：稀少。

## 104、蛇莓

洪心容／攝影

學名：*Duchesnea indica* (Andr.) Focke
科名：薔薇科*Rosaceae*
別名：蛇婆、蛇泡草、地苺、龍吐珠、三爪龍、地楊梅。
藥用部分：全草。
性味：甘、酸、涼、有小毒。
效用：全草有清熱解毒、散瘀消腫、涼血止血之效，治白喉、菌痢、熱病、疔瘡、火燙傷、感冒、黃疸、目赤、口瘡、咽痛、疔腮、癰腫、毒蛇咬傷、月經不調、跌打腫痛。
蘊藏量：普通。

## 105、臺灣枇杷

黃世勳 / 攝影

學名：*Eriobotrya deflexa* (Hemsl.) Nakai
科名：薔薇科*Rosaceae*
別名：恒春山枇杷、夏梅。
藥用部分：葉、果。
性味：葉，苦、涼。果，甘、酸、涼。
效用：葉有清熱、解毒、化痰、鎮咳、和胃之效，治急慢性氣管炎、感冒咳嗽。果實有清熱之效，治發熱。
蘊藏量：普通。

## 106、枇杷

洪心容 / 攝影

學名：*Eriobotrya japonica* Lindl.
科名：薔薇科*Rosaceae*
別名：枇杷葉。
藥用部分：果、葉。
性味：果，甘、酸、涼。葉，苦、涼。
效用：果有潤氣下肺、止咳之效，治肺痿咳血、躁渴、發熱。葉有清肺化痰、降逆止嘔、止渴之效，治慢性氣管炎、痰嗽、嘔吐、陰虛勞嗽、咳血、衄血、吐血、小兒吐乳、消渴。
蘊藏量：普通。

## 107、梅

廖隆德 / 攝影

學名：*Prunus mume* Sieb. & Zucc.
科名：薔薇科*Rosaceae*
別名：梅仔根、烏梅、春梅、白梅、梅仔。
藥用部分：果實。
性味：乾燥未成熟果實(烏梅)，酸、溫、平。
效用：果有生津止渴、收斂、殺蟲之效，治久咳、虛熱咳嗽、久瀉、鉤蟲病、膽道蛔蟲症。
蘊藏量：豐多。

## 108、桃

黃世勳 / 攝影

學名：*Prunus persica* (L.) Stokes
科名：薔薇科*Rosaceae*
別名：山苦桃、毛桃、白桃、苦桃、桃仔、桃仔樹、紅桃花、甜桃。
藥用部分：果實及種子、花。
性味：果實，甘、酸、溫。種子(桃仁)，苦、甘、平。花，苦、平。
效用：果實有生津、潤腸活血、消積之效。桃仁有破血行瘀、潤燥滑腸之效，治跌打、痛經、癥瘕痞塊、跌撲傷。花有利水、活血、通便之效，治二便不利、經閉、腸燥便秘。
蘊藏量：豐多。

## 109、火棘

黃世勳 / 攝影

學名：*Pyracantha fortuneana* Maxim.
科名：薔薇科*Rosaceae*
別名：狀元紅、赤陽子、純陽子、赤果、火把果。
藥用部分：根、果實、葉
性味：根，酸、澀、平。葉，甘、酸、平。果實，甘、酸、平。
效用：根有清熱解毒之效，治閉經、跌打損傷。葉有清熱解毒之效，治瘡瘍腫毒。果實有消積止痢、活血、止血之效，治消化不良、痢疾、崩漏、帶下、產後腹痛。
蘊藏量：普通。

## 110、相思

邱年永 / 攝影

學名：*Abrus precatorius* L.
科名：豆科*Leguminosae*
別名：相思子、相思藤、紅珠木、土甘草、雞母珠、鴛鴦豆。
藥用部分：種子、根藤、葉。
性味：種子，苦、有大毒。根藤、葉，甘、平。
效用：種子有排膿催吐、驅蟲、拔毒消腫、殺蟲之效，治疥癬、癰瘡。根藤、葉有清熱、解毒、潤肺之效，治喉痛、肝炎、咳嗽痰喘、感冒、乳癰、瘡癤。
蘊藏量：稀少。

## 111、相思樹

洪心容 / 攝影

學名：*Acacia confusa* Merr.
科名：豆科*Leguminosae*
別名：相思仔、相思、細葉相思樹。
藥用部分：嫩枝葉
性味：澀、平。
效用：嫩枝葉有行血散瘀、祛腐生肌之效，治跌打、毒蛇咬傷；外洗治爛瘡。
蘊藏量：豐多。

## 112、孔雀豆

黃世勳 / 攝影

學名：*Adenanthera pavonina* L.
科名：豆科*Leguminosae*
別名：相思樹、相思豆、紅木、紅豆、海紅豆。
藥用部分：根。
性味：澀、平。
效用：根有清熱、祛風、利濕之效。
蘊藏量：普通。

## 113、落花生

黃世動 / 攝影

學名：*Arachis hypogaea* L.
科名：豆科*Leguminosae*
別名：土豆、花生、長生果。
藥用部分：種子。
性味：種子，甘、平。花生油，甘、平。
效用：種子有補脾潤肺、和胃、止血之效，治燥咳、反胃、腳氣、乳婦奶少。花生油有潤腸之效，治痢疾。種皮有止血之效。
蘊藏量：普通。

## 114、菊花木

郭昭麟 / 攝影

學名：*Bauhinia championii* (Benth.) Benth.
科名：豆科*Leguminosae*
別名：黑蝶藤、烏蛾藤、紅花藤、龍鬚藤。
藥用部分：根及藤。
性味：根，甘、辛、微溫。藤，苦、辛、平。
效用：根有祛風濕、行氣血之效，治跌打損傷、風濕骨痛、心胃氣痛。藤治風濕骨痛、跌打接骨、胃痛。
蘊藏量：豐多。

## 115、木豆

洪心容 / 攝影

學名：*Cajanus cajan* (L.) Millsp.
科名：豆科*Leguminosae*
別名：蒲姜豆、樹豆、白樹豆。
藥用部分：種子及葉。
性味：種子，甘、微酸、溫。葉，平、淡。
效用：種子有清熱解毒、利水消腫、補中益氣、止血止痢之效，治水腫、血淋、痔血、癰疽腫毒、痢疾、腳氣。葉有解痘毒、消腫之效，治小兒水痘癰腫。
蘊藏量：豐多。

## 116、刀豆

黃世動 / 攝影

學名：*Canavalia gladiata* (Jacq.) DC.
科名：豆科*Leguminosae*
別名：關刀豆、挾劍、刀豆子、馬刀豆。
藥用部分：種子及豆莢。
性味：種子，甘、溫。豆莢，淡、平。
效用：種子有溫中下氣、益腎補元、止呃之效，治虛寒呃逆、腎虛腰痛、嘔吐。豆莢有益腎、溫中、除濕之效，治腰痛、呃逆、久痢、痺痛。
蘊藏量：普通。

## 117、鳳凰木

黃世勳／攝影

學名：*Delonix regia* (Boj.) Rafinisque
科名：豆科*Leguminosae*
別名：金鳳花。
藥用部分：樹皮。
性味：甘、淡、寒。
效用：樹皮有平肝潛陽、解熱之效，治眩暈、心煩不寧。
蘊藏量：豐多。

## 118、銳葉小槐花

黃世勳／攝影

學名：*Desmodium caudatum* (Thunb. *ex* Murray) DC.
科名：豆科*Leguminosae*
別名：小槐花、抹草、磨草、鬼仔豆、山螞蝗。
藥用部分：全草
性味：苦、涼、有小毒。
效用：全草有清熱利濕、消積散瘀之效，治勞傷咳嗽、吐血、水腫、小兒疳積、癰瘡潰瘍、跌打損傷。
蘊藏量：普通。

## 119、三點金草

邱年永／攝影

學名：*Desmodium triflorum* (L.) DC.
科名：豆科*Leguminosae*
別名：蠅翅草、小本土豆藤、四季春、蝴蝶翅。
藥用部分：全草。
性味：苦、澀、涼。
效用：全草有行氣止痛、溫經散寒、利濕解毒、消滯殺蟲之效，治頭痛、咳嗽、腸炎痢疾、黃疸、關節痛、鉤蟲病、疥癬。
蘊藏量：豐多。

## 120、大葉千斤拔

洪心容／攝影

學名：*Flemingia macrophylla* (Willd.) Merr.
科名：豆科*Leguminosae*
別名：木本白馬屎、大葉千觔拔、紅豆草、綠葉佛來明豆。
藥用部分：根。
性味：辛、微苦、寒。
效用：根有清熱利濕、健脾補虛、解毒之效，治風濕病、關節炎、赤白痢。
蘊藏量：普通。

## 121、扁豆

黃世動 / 攝影

學名：*Lablab purpureus* (L.) Sweet
科名：豆科*Leguminosae*
別名：白扁豆、蛾眉豆、鵲豆。
藥用部分：種子、花。
性味：種子，甘、微溫。花，甘、平。
效用：種子有健脾化濕、清暑止瀉之效，治嘔吐、泄瀉、消暑、帶下。花有和胃止瀉、理氣寬胸之效，治不思飲食、嘔吐、噁心、泄瀉。
蘊藏量：普通。

## 122、銀合歡

廖隆德 / 攝影

學名：*Leucaena leucocephala* (Lam.) de Wit
科名：豆科*Leguminosae*
別名：白相思仔、臭菁仔、紐葉番婆樹。
藥用部分：根皮。
性味：甘、平。
效用：根皮有解鬱寧心、解毒消腫之效，治心煩失眠、心悸怔忡、跌打損傷、肺癰、癰腫、疥瘡。未成熟種子有驅蟲之效。
蘊藏量：豐多。

## 123、草木樨

黃世動 / 攝影

學名：*Melilotus suaveolens* Ledeb.
科名：豆科*Leguminosae*
別名：蕺萩、辟汗草、天竺桿。
藥用部分：全草。
性味：辛、苦、涼。
效用：全草有清熱解毒、化濕殺蟲之效，治暑濕胸悶、口臭、頭脹、頭痛、痢疾、瘧疾。
蘊藏量：普通。

## 124、含羞草

洪心容 / 攝影

學名：*Mimosa pudica* L.
科名：豆科*Leguminosae*
別名：見笑草、見羞草、怕羞草。
藥用部分：全草。
性味：甘、澀、微寒、有毒。
效用：全草有鎮靜安神、化痰止咳、清熱利尿之效，治腸炎、失眠、小兒疳積、目赤腫痛、深部膿腫、帶狀疱疹。
蘊藏量：普通。

## 125、牌錢樹

邱年永 / 攝影

學名：*Phyllodium pulchellum* (L.) Desvaux
科名：豆科*Leguminosae*
別名：金錢豹、四季草、拉里尾。
藥用部分：全草
性味：淡、苦、平。
效用：全草有疏風解表、活血散瘀之效，治感冒發熱、風濕痹痛、水腫、喉風、牙痛、跌打損傷、肝脾腫大、臌脹、毒蟲咬傷。
蘊藏量：普通。

## 126、水黃皮

黃世勳 / 攝影

學名：*Pongamia pinnata* (L.) Pierre
科名：豆科*Leguminosae*
別名：九重吹、重炊臭、水流豆、烏樹、臭腥仔。
藥用部分：種子
性味：苦、寒、微毒。
效用：種子有祛風除濕、解毒殺蟲之效，治汗斑、疥癩、膿瘡、風濕關節痛。
蘊藏量：普通。

## 127、山葛

黃世勳 / 攝影

學名：*Pueraria montana* (Lour.) Merr.
科名：豆科*Leguminosae*
別名：臺灣葛藤、乾葛、葛藤。
藥用部分：全草
性味：辛、苦、平。
效用：根有清熱、透疹、生津止渴之效，治痳疹不透、吐血、消渴、口腔破潰。葉、藤莖、種子、花有解熱、鎮痛之效。
蘊藏量：普通。

## 128、翼軸決明

洪心容 / 攝影

學名：*Senna alata* (L.) Roxb.
科名：豆科*Leguminosae*
別名：對葉豆、翅莢決明、有翅決明、印度黃槐、翅果鐵刀木。
藥用部分：全草、種子。
性味：辛、溫。
效用：全草有祛風燥濕、殺蟲止癢、緩瀉之效，治皮膚病、瘡瘍腫毒、便秘。種子治蛔蟲病。
蘊藏量：普通。

## 129、望江南

洪心容／攝影

學名：*Senna occidentalis* (L.) Link
科名：豆科*Leguminosae*
別名：大葉羊角豆、羊角豆、山綠豆。
藥用部分：全株。
性味：種子，甘、苦、涼、有毒。莖、葉，苦、寒、有小毒。
效用：種子有清肝明目、健胃潤腸之效，治便秘、目赤腫痛、口爛、頭痛、高血壓、毒蛇咬傷。莖、葉有清肝解毒、止痛、利尿、通便之效，治咳嗽氣喘、頭痛目赤、小便血淋、大便秘結、疔瘡、蟲蛇咬傷。
蘊藏量：豐多。

## 130、大花田菁

黃世勳／攝影

學名：*Sesbania grandiflora* (L.) Pers.
科名：豆科*Leguminosae*
別名：木田菁、白蝴蝶。
藥用部分：樹皮。
性味：甘、澀、寒。
效用：樹皮有清熱、解毒、斂瘡之效，治瘡癰腫毒、濕疹、慢性潰瘍。
蘊藏量：普通。

## 131、毛苦參

黃世勳／攝影

學名：*Sophora tomentosa* L.
科名：豆科*Leguminosae*
別名：嶺南槐樹、毛苦豆。
藥用部分：根。
性味：苦、寒。
效用：根有祛痰、健胃、緩瀉之效，治霍亂、腹瀉、腹痛、膽汁性嘔氣、咽喉腫痛。
蘊藏量：普通。

## 132、白荷蘭翹搖

洪心容／攝影

學名：*Trifolium repens* L.
科名：豆科*Leguminosae*
別名：白花苜蓿、白三葉草、三消草、白詰草、白翹搖。
藥用部分：全草。
性味：甘、平。
效用：全草有清熱、涼血、寧心之效，治癲癇、痔瘡出血。花有利尿之效。葉可收斂、止血。
蘊藏量：豐多。

## 133、酢漿草

黃世勳 / 攝影

學名：*Oxalis corniculata* L.
科名：酢漿草科*Oxalidaceae*
別名：鹽酸仔草、山鹽酸、蝴蠅翼、三葉酸、黃花酢漿草。
藥用部分：全草。
性味：酸、涼。
效用：全草有清熱解毒、安神降壓、利濕涼血、散瘀消腫之效，治痢疾、黃疸、吐血、咽喉腫痛、跌打損傷、燒燙傷、痔瘡、脫肛、疔瘡、疥癬。
蘊藏量：豐多。

## 134、紫花酢漿草

洪心容 / 攝影

學名：*Oxalis corymbosa* DC.
科名：酢漿草科*Oxalidaceae*
別名：銅鎚草、大本鹽酸仔草。
藥用部分：全草。
性味：酸、寒。
效用：全草有散瘀消腫、清熱解毒之效，治疔瘡、腫毒、咽喉腫痛、痢疾、跌打、毒蛇咬傷。
蘊藏量：豐多。

## 135、人莧

黃世勳 / 攝影

學名：*Acalypha australis* L.
科名：大戟科*Euphorbiaceae*
別名：蚌殼草、血見愁、鐵莧、金石榴、榎草、金射榴。
藥用部分：全草。
性味：苦、澀、涼。
效用：全草有清熱解毒、利水、止痢、殺蟲、止血之效，治菌痢、腸瀉、便血、吐血、咳嗽、疳積、腹脹、皮膚炎、濕疹、創傷出血。
蘊藏量：普通。

## 136、重陽木

黃世勳 / 攝影

學名：*Bischofia javanica* Blume
科名：大戟科*Euphorbiaceae*
別名：秋楓樹、茄冬。
藥用部分：根、樹皮、葉。
性味：微辛、澀、涼。
效用：根、樹皮有行氣活血、消腫解毒之效，治風濕骨痛。葉治食道癌、胃癌、傳染性肝炎、小兒疳積、風熱咳喘、咽喉痛；外用治癬疽、瘡瘍。
蘊藏量：豐多。

## 137、七日暈

廖隆德／攝影

學名：*Breynia officinalis* Hemsl.
科名：大戟科*Euphorbiaceae*
別名：山漆莖、小山漆莖、寬萼山漆莖、紅仔珠、赤子仔。
藥用部分：根及莖。
性味：苦、酸、寒、有毒。
效用：根及莖有清熱解毒、活血化瘀、散瘀止痛、抗過敏、止癢之效，治感冒、扁桃腺炎、支氣管炎、風濕關節炎、急性胃腸炎。
蘊藏量：豐多。

## 138、土密樹

黃世勳／攝影

學名：*Bridelia tomentosa* Blume
科名：大戟科*Euphorbiaceae*
別名：夾骨木、逼迫子、補腦根。
藥用部分：根皮、莖、葉。
性味：淡、微苦、平。
效用：根有安神、調經、清熱解毒、利尿之效，治癰瘡腫毒。根皮治腎虛、月經不調。莖及葉治狂犬咬傷。鮮葉治疔瘡腫毒。
蘊藏量：豐多。

## 139、大飛揚草

洪心容／攝影

學名：*Chamaesyce hirta* (L.) Millsp.
科名：大戟科*Euphorbiaceae*
別名：大本乳仔草、飛揚草、羊母奶、乳仔草。
藥用部分：全草。
性味：微苦、微酸、涼。
效用：全草有清熱解毒、利濕止癢之效，治消化不良、陰道滴蟲、痢疾、泄瀉、咳嗽、腎盂腎炎；外用治濕疹、皮炎、皮膚搔癢。葉泡茶可治哮喘。白色乳汁可去疣。
蘊藏量：豐多。

## 140、小飛揚草

黃世勳／攝影

學名：*Chamaesyce thymifolia* ( L.) Millsp.
科名：大戟科*Euphorbiaceae*
別名：千根草、細葉飛揚草、紅乳草、小本乳仔草。
藥用部分：全草。
性味：微酸、澀、微涼。
效用：全草有清熱解毒、利濕止癢之效，治細菌性痢疾、腸炎腹瀉、痔瘡出血；外用治濕疹、過敏性皮炎、帶狀疱疹、皮膚搔癢、乳癰。
蘊藏量：普通。

## 141、裏白巴豆

洪心容 / 攝影

學名：*Croton cascarilloides* Raeusch.
科名：大戟科*Euphorbiaceae*
別名：葉下白、白葉下。
藥用部分：根。
性味：辛、熱、有毒。
效用：根有祛風解熱、壯筋骨、催吐之效，治風濕骨痛、咽喉痛。
蘊藏量：普通。

## 142、猩猩草

黃世勳 / 攝影

學名：*Euphorbia cyathophora* Murr.
科名：大戟科*Euphorbiaceae*
別名：火苞草、一品紅、葉像花。
藥用部分：全草。
性味：苦、澀、寒、有毒。
效用：全草有調經止血、接骨消腫、止血止咳之效，治月經過多、跌打損傷、骨折、咳嗽。
蘊藏量：普通。

## 143、大甲草

洪心容 / 攝影

學名：*Euphorbia formosana* Hayata
科名：大戟科*Euphorbiaceae*
別名：五虎下山、臺灣大戟、黃花尾、八卦草。
藥用部分：全草。
性味：苦、寒、有毒。
效用：全草或根有解毒消炎之效，治蛇傷、風濕、疥癬、跌打。
蘊藏量：普通。

## 144、綠珊瑚

黃世勳 / 攝影

學名：*Euphorbia tirucalli* L.
科名：大戟科*Euphorbiaceae*
別名：青珊瑚、珊瑚瑞。
藥用部分：全草。
性味：辛、微酸、涼、有毒。
效用：全草有催乳、殺蟲之效，治缺乳、癬疾、關節腫痛、跌打。
蘊藏量：豐多。

## 145、青紫木

黃世勳 / 攝影

學名：*Excoecaria cochichinensis* Lour.
科名：大戟科*Euphorbiaceae*
別名：紅背桂、紅桂花。
藥用部分：全株。
性味：辛、微苦、溫、有小毒。
效用：全株有通經活絡、止痛之效，治麻疹、痄腮、乳蛾、心腎絞痛、腰肌勞損。
蘊藏量：普通。

## 146、密花白飯樹

黃世勳 / 攝影

學名：*Flueggea virosa* (Roxb. *ex* Willd.) Voigt
科名：大戟科*Euphorbiaceae*
別名：白子仔、白飯樹、密花市蔥。
藥用部分：葉、根、莖。
性味：葉，苦、微澀、涼。根及莖，甘、微苦、溫。
效用：葉有消炎止痛、祛風解毒、殺蟲止癢之效，治跌打、風濕、腫毒、濕疹搔癢。根有祛風濕、清濕熱、化瘀止痛之效，治風濕痹痛、濕熱帶下、濕疹搔癢、跌打損傷。
蘊藏量：豐多。

## 147、珊瑚油桐

洪心容 / 攝影

學名：*Jatropha podagrica* Hook.
科名：大戟科*Euphorbiaceae*
別名：佛肚樹、紅花金花果、麻烘娘。
藥用部分：全草。
性味：苦、甘、寒、有毒。
效用：全草有清熱解毒、消腫止痛之效，治毒蛇咬傷、尿急、尿痛、尿血。
蘊藏量：普通。

## 148、血桐

郭昭麟 / 攝影

學名：*Macaranga tanarius* (L.) Muelll.-Arg.
科名：大戟科*Euphorbiaceae*
別名：大冇樹、橙桐、流血樹、饅頭果。
藥用部分：根及樹皮。
性味：苦、澀。
效用：樹皮治痢疾。根有解熱、催吐之效，治咳血。
蘊藏量：豐多。

## 149、葉下珠

黃世勳／攝影

學名：*Phyllanthus urinaria* L.
科名：大戟科*Euphorbiaceae*
別名：珠仔草、紅骨欜、珍珠草、葉後珠。
藥用部分：全草。
性味：甘、苦、涼。
效用：全草有清熱利尿、消積明目、消炎、平肝、解毒之效，治泄瀉、痢疾、傳染性肝炎、水腫、小便淋痛、小兒疳積、赤眼目翳、口瘡頭瘡、無名腫毒。
蘊藏量：豐多。

## 150、蓖麻

洪心容／攝影

學名：*Ricinus communis* L.
科名：大戟科*Euphorbiaceae*
別名：紅茶蓖、紅都蓖、紅蓖麻。
藥用部分：種子。
性味：甘、辛、平、有毒。
效用：種子有消腫拔毒、瀉下通滯之效，治癰疽疔腫毒、瘰癧、喉痹、疥癩癬瘡、水腫腹滿、大便燥結，含毒蛋白，可抗腹水癌。蓖麻子油，為刺激性瀉藥，治大便燥結、瘡疥、燒傷。
蘊藏量：豐多。

## 151、佛手柑

洪心容／攝影

學名：*Citrus medica* L. var. *sarcodactylis* Hort.
科名：芸香科*Rutaceae*
別名：佛手、佛手香柑、香圓、蜜羅柑、十指香圓。
藥用部分：根、果實。
性味：辛、苦、酸、溫。
效用：根有行氣止痛、健胃化痰之效，治肝胃氣痛、脾腫大、癲癇。果實有舒肝理氣、和胃止痛之效，治肝氣鬱結、胃氣痛、胸悶咳嗽、痰多、噯氣少食、消化不良、嘔吐。
蘊藏量：普通。

## 152、過山香

黃世勳／攝影

學名：*Clausena excavata* Burm. f.
科名：芸香科*Rutaceae*
別名：番仔香草、龜裡椹。
藥用部分：全株。
性味：苦、辛、溫。
效用：全株有接骨、散瘀、祛風濕之效，治胃脘冷痛、關節痛。葉有疏風解表、散寒、截瘧之效，治風寒感冒、腹痛、瘧疾、扭傷、毒蛇咬傷。
蘊藏量：普通。

## 153、食茱萸

黃世勳／攝影

學名：*Zanthoxylum ailanthoides* Sieb. & Zucc.
科名：芸香科*Rutaceae*
別名：大葉刺楤、刺江某、刺楤、紅刺楤、越椒。
藥用部分：樹皮、根。
性味：樹皮，甘、辛、平。根，苦、辛、平。
效用：樹皮有祛風通絡、活血散瘀之效，治跌打損傷、風濕痺痛、外傷出血。根有祛風除濕、活血散瘀、利水消腫之效，治風濕痺痛、腹痛腹瀉、小便不利、外傷出血、跌打損傷、毒蛇咬傷。
蘊藏量：普通。

## 154、崖椒

洪心容／攝影

學名：*Zanthoxylum nitidum* (Roxb.) DC.
科名：芸香科*Rutaceae*
別名：雙面刺、兩面針、花椒、鳥不宿、鳥踏刺、緊殼刺。
藥用部分：根莖。
性味：辛、苦、平、有小毒。
效用：根莖有行氣止痛、活血散瘀、消腫止痛之效，治風濕、跌打腫痛、腰肌勞損、胃痛、牙痛、喉痛、毒蛇咬傷、跌撲腫痛、風濕痺痛、支氣管炎、咳嗽發燒、痧病。
蘊藏量：普通。

## 155、樹蘭

洪心容／攝影

學名：*Aglaia odorata* Lour.
科名：楝科*Meliaceae*
別名：秋蘭、珠蘭、碎米蘭、秋菊、樹蘭花。
藥用部分：花、枝葉。
性味：枝葉，辛、溫。花，辛、甘、平。
效用：枝葉有活血散瘀、消腫止痛之效，治跌打損傷、骨折、疽瘡。花有解鬱、醒酒、清肺、止煩渴之效，治胸膈脹滿、咳嗽。
蘊藏量：普通。

## 156、楝

黃世勳／攝影

學名：*Melia azedarach* L.
科名：楝科*Meliaceae*
別名：苦苓樹、苦楝樹。
藥用部分：全株。
性味：苦、寒、有小毒。
效用：根皮或幹皮有清熱、燥濕、殺蟲之效，治蛔蟲、蟲積腹痛、疥癬搔癢。果實有舒肝行氣、止痛、殺蟲之效，治脘腹脹痛、疝痛、蟲積腹痛。花有清熱祛濕、殺蟲止癢之效，治熱痱、頭癬。
蘊藏量：普通。

## 157、猿尾藤

洪心容 / 攝影

學名：*Hiptage benghalensis* (L.) Kurz
科名：黃褥花科*Malpighiaceae*
別名：風車藤。
藥用部分：藤。
性味：澀、苦、溫。
效用：藤有溫腎益氣、澀精止遺之效，治腎虛陽痿、遺精、尿顏、自汗盜汗、風寒濕痹。
蘊藏量：普通。

## 158、芒果

黃世勳 / 攝影

學名：*Mangifera indica* L.
科名：漆樹科*Anacardiaceae*
別名：檬果。
藥用部分：果實及葉。
性味：甘、酸、涼。
效用：果實有止咳益胃、和血通經之效，治咳嗽、嘔吐、經閉。葉有清熱止咳、健胃消滯之效，治咳嗽、消化不良；外用濕疹搔癢。
蘊藏量：豐多

## 159、黃連木

黃世勳 / 攝影

學名：*Pistacia chinensis* Bunge
科名：漆樹科*Anacardiaceae*
別名：楷木、腦心木、爛心木。
藥用部分：葉芽及樹皮。
性味：葉芽，苦、澀、寒。樹皮，苦、寒。
效用：葉芽有清熱解毒、止渴之效，治暑熱口渴、霍亂、痢疾、喉痛、口舌糜爛、濕瘡、漆瘡初起。樹皮有清熱、解毒之效，治痢疾、皮膚搔癢、瘡癰。
蘊藏量：豐多。

## 160、羅氏鹽膚木

洪心容 / 攝影

學名：*Rhus chinensis* Mill. var. *roxburghii* (DC.) Rehd.
科名：漆樹科*Anacardiaceae*
別名：鹽霜柏、鹽膚木、埔鹽。
藥用部分：根、果實、樹皮。
性味：酸、澀、涼。
效用：根有消炎解毒、活血散瘀、收斂止瀉之效，治咽喉炎、咳血、胃痛、痔瘡出血。樹皮治痢疾。果實治咳嗽痰多、盜汗。
蘊藏量：豐多。

## 161、倒地鈴

廖隆德 / 攝影

學名：*Cardiospermum halicacabum* L.
科名：無患子科*Sapindaceae*
別名：假苦瓜、風船葛、天燈籠、三角燈
籠、倒藤卜仔草。
藥用部分：全草。
性味：苦、微辛、涼。
效用：全草有散瘀消腫、涼血解毒、清熱
利水之效，治黃疸、淋病、疔瘡、疥瘡、
蛇咬傷。
蘊藏量：普通。

## 162、龍眼

黃世動 / 攝影

學名：*Dimocarpus longan* Lour.
科名：無患子科*Sapindaceae*
別名：圓眼、寶圓、益智、桂圓、牛眼、
福圓、荔枝奴。
藥用部分：根、葉、果核、果肉。
性味：根、葉、果核，微苦、平。果肉，
甘、溫。
效用：根有利濕、通絡之效。葉有清熱、
解毒之效。果核有止血、止痛之效。果肉
有益心脾、補氣血、安神之效，治虛勞羸
弱、失眠、健忘。
蘊藏量：豐多。(備註1)

## 163、臺灣欒樹

洪心容 / 攝影

學名：*Koelreuteria formosana* Hayata
科名：無患子科*Sapindaceae*
別名：苦苓舅、苦楝舅。
藥用部分：根。
性味：苦、寒。
效用：根及根皮有疏風清熱、收斂止咳、
止痢殺蟲之效，治風熱咳嗽、風熱目痛、
痢疾、尿道炎。
蘊藏量：豐多。(備註2)

## 164、荔枝

黃世動 / 攝影

學名：*Litchi chinensis* Sonn.
科名：無患子科*Sapindaceae*
別名：離枝、荔支、丹荔、大山荔、勒荔
、大荔。
藥用部分：根、果實、果核。
性味：根，微苦、澀、溫。果實，甘、酸
、溫。果核，甘、澀、溫。
效用：根有消腫止痛之效，治咽喉腫痛、
胃寒脹痛、疝氣、遺精。果實有生津、滋
養強壯之效，治身體虛弱、病後體虛、脾
虛久泄、煩渴。果核有溫中理氣、止痛散
結之效，治胃痛、痛經。
蘊藏量：豐多。

## 165、無患子

廖隆德 / 攝影

學名：*Sapindus mukorossi* Gaertn.
科名：無患子科*Sapindaceae*
別名：目浪樹、黃目樹。
藥用部分：根及樹皮。
性味：苦、涼。
效用：根有解熱、化痰止咳、散瘀解毒之效，治感冒發熱、咳嗽、白濁、白帶。樹皮有祛風除痰、解毒消腫、殺蟲之效，治口腔炎、疥癩、疳瘡，解河豚之毒。
蘊藏量：稀少。

## 166、鳳仙花

黃世勳 / 攝影

學名：*Impatiens balsamina* L.
科名：鳳仙花科*Balsaminaceae*
別名：指甲花、白指甲花、急性子。
藥用部分：種子。
性味：苦、辛、溫、有小毒。
效用：種子有破血、軟堅、消積之效，治經閉、難產、骨哽咽喉、腫塊積聚、跌打。
蘊藏量：普通。

## 167、第倫桃

洪心容 / 攝影

學名：*Dillenia indica* L.
科名：第倫桃科*Dilleniaceae*
別名：擬枇杷。
藥用部分：根。
性味：酸、澀、平。
效用：根有收斂、解毒之效，治痢疾、腹瀉。
蘊藏量：普通。

## 168、水東哥

洪心容 / 攝影

學名：*Saurauia tristyla* DC. var. *oldhamii* (Hemsl) Finet & Gagncp.
科名：獼猴桃科*Actinidiaceae*
別名：水冬瓜、水枇杷、大有樹、白飯木、白飯果。
藥用部分：根。
性味：微苦、涼。
效用：根有清熱解毒、止咳止痛之效，治風熱咳嗽、風火牙痛、白帶、尿路感染、精神分裂、肝炎。
蘊藏量：豐多。

## 169、胭脂樹

廖隆德 / 攝影

學名：*Bixa orellana* L.
科名：胭脂樹科*Bixaceae*
別名：紅木、胭脂木、臙脂樹。
藥用部分：根。
性味：酸、澀、甘、平。
效用：根有退熱、截瘧、解毒之效，治發熱、瘧疾、咽痛、黃疸、痢疾、丹毒、毒蛇咬傷、瘡瘍。
蘊藏量：普通。

## 170、曇花

黃世勳 / 攝影

學名：*Epiphyllum oxypetalum* (DC.) Haw.
科名：仙人掌科*Cactaceae*
別名：鳳花、金鉤蓮、葉下蓮、瓊花、月下美人。
藥用部分：莖、花。
性味：花，甘、平。莖，酸、鹹、涼。
效用：花有清熱、止血、清肺止咳、化痰之效，治氣喘、肺癆、咳嗽、咯血、高血壓、崩漏。莖有清熱、解毒之效，治喉痛、疥癬。
蘊藏量：普通。

## 171、崗梅

洪心容 / 攝影

學名：*Ilex asprella* (Hook. & Arn.) Champ.
科名：冬青科*Aquifoliaceae*
別名：釘秤仔、燈秤花、烏骨雞、燈秤仔、萬點金、梅葉冬青、山甘草。
藥用部分：根。
性味：苦、甘、寒。
效用：根有清熱解毒、生津止渴、活血之效，治感冒、肺癰、乳蛾、咽喉腫痛、淋濁、風火牙痛、瘰癧、癰疽疔癤、過敏性皮炎、痔血、蛇咬傷、跌打損傷。
蘊藏量：普通。

## 172、鐵包金

邱年永 / 攝影

學名：*Berchemia lineata* (L.) DC.
科名：鼠李科*Rhamnaceae*
別名：小葉黃鱔藤、勾兒茶、黑尼耐(客家語)、老鼠耳。
藥用部分：根。
性味：微苦、澀、平。
效用：根有化瘀止血、祛濕消腫、鎮咳止痛之效，治風濕關節痛、腰膝酸痛、跌打損傷、瘰癧。
蘊藏量：普通。

## 173、印度棗

黃世勳 / 攝影

學名：*Ziziphus mauritiana* Lam.
科名：鼠李科*Rhamnaceae*
別名：緬棗、滇刺棗。
藥用部分：樹皮。
性味：澀、微苦、平。
效用：樹皮有清熱止痛、解毒生肌、收斂止瀉之效，治燒燙傷、咽喉痛、腹瀉、痢疾。
蘊藏量：普通。

## 174、烏蘞苺

洪心容 / 攝影

學名：*Cayratia japonica* (Thunb.) Gagnep.
科名：葡萄科*Vitaceae*
別名：五爪藤、五爪龍。
藥用部分：全草。
性味：苦、酸、寒。
效用：全草有清熱利濕、解毒消腫、活血化瘀之效，治咽喉腫痛、目翳、咯血、尿血、痢疾、風濕、黃疸、毒蛇咬傷、癰腫。
蘊藏量：普通。

## 175、地錦

黃世勳 / 攝影

學名：*Parthenocissus tricuspidata* (Sieb. & Zucc.) Planchon
科名：葡萄科*Vitaceae*
別名：爬牆虎、爬山虎、土鼓藤。
藥用部分：莖
性味：甘、溫。
效用：莖有祛風、活血、舒筋、消腫、止痛之效，治風濕關節痛、瘡癤、乳癰；外用洗皮膚病、癰瘡。
蘊藏量：普通。

## 176、三葉葡萄

廖隆德 / 攝影

學名：*Tetrastigma dentatum* (Hayata) Li
科名：葡萄科*Vitaceae*
別名：三葉崖爬藤、三葉毒葡萄、三葉山葡萄、三角黿草。
藥用部分：全草。
性味：苦、平、有小毒。
效用：全草有消腫、解毒之效，治腫毒、皮膚病。
蘊藏量：豐多。

## 177、繩黃麻

黃世勳 / 攝影

學名：*Corchorus aestuans* L.
科名：田麻科*Tiliaceae*
別名：假黃麻、假麻區、甜麻、假蕉草。
藥用部分：全草。
性味：辛、甘、溫。
效用：全草有祛風除濕、舒筋活絡、消腫解毒之效，治中暑發熱、咽喉腫痛、痢疾、小兒疳積、麻疹、瘡疥癰腫、風濕痛、跌打損傷。
蘊藏量：普通。

## 178、黃麻

洪心容 / 攝影

學名：*Corchorus capsularis* L.
科名：田麻科*Tiliaceae*
別名：縈麻、絡麻、三珠草、天紫蘇。
藥用部分：根、葉、種子。
性味：葉、根，苦、溫。種子，熱，有毒(含強心苷)。
效用：葉有理氣止血、排膿生肌之效，治腹痛、痢疾、血崩、瘡癰。根有利濕通淋、止血止瀉之效，治石淋、帶下、崩中、泄瀉、痢疾、蕁麻疹。種子有活血、調經、止咳之效，治經閉、月經不調、咳嗽、血崩。
蘊藏量：普通。

## 179、山麻

洪心容 / 攝影

學名：*Corchorus olitorius* L.
科名：田麻科*Tiliaceae*
別名：斗鹿、長果黃麻。
藥用部分：全草。
性味：甘、平。
效用：全草有疏風止咳、利濕之效，治感冒咳嗽、痢疾、皮膚濕疹。
蘊藏量：普通。

## 180、洛神葵

黃世勳 / 攝影

學名：*Hibiscus sabdariffa* L.
科名：錦葵科*Malvaceae*
別名：山茄、洛濟葵、洛神花。
藥用部分：花萼。
性味：酸、涼。
效用：花萼有斂肺止咳、降血壓、解酒之效，治肺虛咳嗽、高血壓、醉酒。
蘊藏量：普通。

## 181、山芙蓉

洪心容 / 攝影

學名：*Hibiscus taiwanensis* S. Y. Hu
科名：錦葵科*Malvaceae*
別名：狗頭芙蓉。
藥用部分：根及莖。
性味：微辛、平。
效用：根及莖有清肺止咳、涼血消腫、解毒之效，治肺癰、惡瘡。
蘊藏量：豐多。

## 182、黃槿

黃世動 / 攝影

學名：*Hibiscus tiliaceus* L.
科名：錦葵科*Malvaceae*
別名：朴仔、河麻、面頭果、鹽水面頭果、粿葉樹。
藥用部分：全株。
性味：甘、淡、涼。
效用：全株有清熱解毒、散瘀消腫之效，治木薯中毒、瘡癤腫痛。根有解熱、催吐之效，治發熱。嫩葉治咳嗽、支氣管炎。
蘊藏量：豐多。

## 183、苦麻賽葵

黃世動 / 攝影

學名：*Malvastrum coromandelianum* (L.) Garcke
科名：錦葵科*Malvaceae*
別名：賽葵、黃花棉、大葉黃花猛。
藥用部分：全草。
性味：微甘、涼。
效用：全草有清熱利濕、解毒、祛瘀消腫之效，治感冒、泄瀉、痢疾、黃疸、風濕關節痛、急慢性肝炎、糖尿病；外用治跌打損傷、疔瘡癰腫，煎洗皮膚病。
蘊藏量：普通。

## 184、虱母

洪心容 / 攝影

學名：*Urena lobata* L.
科名：錦葵科*Malvaceae*
別名：肖梵天花、紅花地桃花、假桃花、虱母子、野棉花、三腳破。
藥用部分：全草。
性味：甘、辛、平。
效用：全草有清熱解毒、祛風利濕、行氣活血之效，治水腫、風濕、痢疾、吐血、刀傷出血、跌打損傷、毒蛇咬傷。
蘊藏量：豐多。

## 185、梵天花

黃世勳 / 攝影

學名：*Urena procumbens* L.
科名：錦葵科*Malvaceae*
別名：天花。
藥用部分：全草。
性味：淡、微甘、涼。
效用：全草有祛風、解毒之效，治風濕痺痛、泄瀉、痢疾、感冒、咽喉腫痛、肺熱咳嗽、風毒流注、瘡瘍腫毒、瘡瘍、跌打損傷、毒蛇咬傷。
蘊藏量：普通。

## 186、木棉

黃世勳 / 攝影

學名：*Bombax malabarica* DC.
科名：木棉科*Bombacaceae*
別名：斑芝樹、加薄棉、棉樹。
藥用部分：根皮。
性味：辛、平。
效用：根皮有祛風除濕、清涼解毒、散結止痛之效，治肝炎、風濕痺痛、胃潰瘍、赤痢、產後浮腫、瘰癧、跌打。根於印度為著名之催淫藥。
蘊藏量：豐多。

## 187、馬拉巴栗

洪心容 / 攝影

學名：*Pachira macrocarpa* Schl.
科名：木棉科*Bombacaceae*
別名：大果木棉。
藥用部分：根及樹皮。
性味：甘、淡、平。
效用：根及樹皮有滋陰、降火、清熱、潤燥、生津、止咳之效。
蘊藏量：豐多。

## 188、崗芝麻

郭昭麟 / 攝影

學名：*Helicteres augustifolia* L.
科名：梧桐科*Sterculiaceae*
別名：山芝麻、山豆根、苦麻、假芝麻、山油麻。
藥用部分：根或全株。
性味：甘、涼、有小毒。
效用：全株有清熱解毒、消腫止癢、解表之效，治感冒發熱、頭痛、口渴、痄腮、麻疹、痢疾、泄瀉、癰腫、瘰癧、瘡毒、濕疹、痔瘡、毒蛇咬傷。根(山豆根)有通潤大腸、清熱解毒之效。
蘊藏量：普通。

## 189、南嶺蕘花

黃世動 / 攝影

學名：*Wikstroemia indica* C. A. Mey.
科名：瑞香科*Thymelaeaceae*
別名：了哥王、山埔崙、埔銀。
藥用部分：全株。
性味：苦、寒、有毒。
效用：莖、葉有清熱解毒、消腫散結、止痛之效，治跌打、腫瘤、瘰癧。根有清熱、利尿、解毒、破積之效，治肺炎、腮腺炎、花柳病、跌打。果實有解毒、散結之效，治癰疽、瘰癧。
蘊藏量：普通。

## 190、榏梧

洪心容 / 攝影

學名：*Elaeagnus oldhamii* Maxim.
科名：胡頹子科*Elaeagnaceae*
別名：柿糊、福建胡頹子、鍋底刺。
藥用部分：全株。
性味：酸、澀、平。
效用：全株有祛風理濕、下氣定喘、固腎之效，治疲倦乏力、泄瀉、胃痛、消化不良、風濕關節痛、哮喘久咳、腎虧腰痛、盜汗、遺精、帶下、跌打。
蘊藏量：普通。

## 191、安石榴

廖隆德 / 攝影

學名：*Punica granatum* L.
科名：安石榴科*Punicaceae*
別名：石榴、白石榴、紅石榴、榭榴。
藥用部分：果皮。
性味：酸、澀、溫、有毒。
效用：果皮有澀腸、止血、驅蟲之效，治久瀉、便血、脫肛、蟲積腹痛。
蘊藏量：普通。

## 192、西番蓮

黃世動 / 攝影

學名：*Passiflora edulis* Sims
科名：西番蓮科*Passifloraceae*
別名：百香果、西番蓮果、時計果、時鐘瓜。
藥用部分：果實。
性味：甘、酸、平。
效用：果實有清熱解毒、鎮痛安神、和血止痛之效，治痢疾、痛經、失眠。
蘊藏量：普通。

## 193、毛西番蓮

黃世勳／攝影

學名：*Passiflora foetida* L. var. *hispida* (DC. *ex* Triana & Planch.) Killip
科名：西番蓮科*Passifloraceae*
別名：龍珠果、龍爪珠、毛蛤兒。
藥用部分：全草。
性味：甘、微苦、涼。
效用：全草有清熱解毒、利水之效，治肺熱咳嗽、浮腫。果實有潤肺、止痛之效，治疥瘡、無名腫毒。
蘊藏量：普通。

## 194、栓皮西番蓮

黃世勳／攝影

學名：Passiflora suberosa L.
科名：西番蓮科*Passifloraceae*
別名：三角葉西番蓮、小果西番蓮、姬番果。
藥用部分：葉。
性味：甘、酸、涼、有毒。
效用：葉外敷腫毒。
蘊藏量：豐多。

## 195、四季秋海棠

洪心容／攝影

學名：*Begonia semperflorens* Link & Otto.
科名：秋海棠科*Begoniaceae*
別名：洋秋海棠、四季海棠。
藥用部分：全草。
性味：酸、涼。
效用：全草有清熱解毒、散結消腫之效，治瘡癤。
蘊藏量：豐多。

## 196、絞股藍

邱年永／攝影

學名：*Gynostemma pentaphyllum* (Thunb.) Makino
科名：瓜科(葫蘆科)*Cucurbitaceae*
別名：金絲五爪龍、龍鬚藤、五葉參、七葉膽、遍地生根。
藥用部分：全草。
性味：苦、微甘、涼。
效用：全草有清熱解毒、祛痰止咳、補虛之效，治高血壓、糖尿病、體虛乏力、白血球減少、病毒性肝炎、慢性腸胃炎、支氣管炎、咳嗽、小便淋痛、吐瀉。
蘊藏量：普通。

## 197、野苦瓜

廖隆德 / 攝影

學名：*Momordica charantia* L. var. *abbreviata* Ser.
科名：瓜科(葫蘆科)*Cucurbitaceae*
別名：小苦瓜、山苦瓜。
藥用部分：果實。
性味：苦、寒。
效用：果實有清暑滌熱、明目、解毒之效，治熱病煩渴引飲、中暑、痢疾、目赤腫痛、癰腫丹毒。
蘊藏量：普通。

## 198、拘那花

黃世勳 / 攝影

學名：*Lagerstroemia subcostata* Koehne
科名：千屈菜科*Lythraceae*
別名：九芎、小果紫薇、南紫薇、苞飯花。
藥用部分：根。
性味：淡、微苦、涼。
效用：根有敗毒、散瘀之效，治瘧疾、鶴膝風。
蘊藏量：普通。

## 199、指甲花

黃世勳 / 攝影

學名：*Lawsonia inermis* L.
科名：千屈菜科*Lythraceae*
別名：散沫花、染指甲、指甲木、乾甲樹。
藥用部分：全株。
性味：苦、涼。
效用：葉有清熱、解毒之效，治外傷出血、瘡瘍。樹皮治黃疸、精神病。
蘊藏量：普通。

## 200、水豬母乳

洪心容 / 攝影

學名：*Rotala rotundifolia* (Wallich *ex* Roxb.) Koehne
科名：千屈菜科*Lythraceae*
別名：水莧菜、水泉。
藥用部分：全草。
性味：甘、淡、涼。
效用：全草有清熱解毒、健脾利濕、消腫之效，治肺熱咳嗽、痢疾、黃疸、小便淋痛；外用治癰癤腫毒。
蘊藏量：普通。

## 201、番石榴

黃世勳 / 攝影

學名：*Psidium guajava* L.
科名：桃金孃科*Myrtaceae*
別名：那拔、拔仔、林仔扒、嶺拔、雞屎果。
藥用部分：葉、果實。
性味：葉、果實，甘、澀、平。
效用：葉、果實有止瀉、止血、驅蟲之效，治痢疾、泄瀉、小兒消化不良。根有倒陽之效，爲制慾劑。
蘊藏量：豐多。

## 202、桃金孃

洪心容 / 攝影

學名：*Rhodomyrtus tomentosa* (Ait.) Hassk.
科名：桃金孃科*Myrtaceae*
別名：多年頭、水刀蓮、哆哖仔。
藥用部分：根。
性味：甘、澀、平。
效用：根有收斂止瀉、祛風活絡、補血安神、除濕、止痛止血之效，治吐瀉、胃痛、消化不良、肝炎、痢疾、風濕、崩漏、脫肛；外用治燒燙傷。
蘊藏量：稀少。

## 203、小葉赤楠

洪心容 / 攝影

學名：*Syzygium buxifolium* Hook. & Arn.
科名：桃金孃科*Myrtaceae*
別名：山烏珠、小號犁頭樹、赤蘭、梨頭樹、番仔掃帚。
藥用部分：根或根皮。
性味：甘、平。
效用：根或根皮有清熱解毒、利水平喘之效，治浮腫、哮喘、燒燙傷。
蘊藏量：普通。

## 204、野牡丹

郭昭麟 / 攝影

學名：*Melastoma candidum* D. Don
科名：野牡丹科*Melastomataceae*
別名：王不留行、大金香爐、山石榴、九螺仔花。
藥用部分：全草。
性味：苦、澀、平。
效用：全草有清熱利濕、消腫止痛、散瘀止血、活血解毒之效，治食積、泄痢、肝炎、跌打、癰腫、外傷出血、衄血、咳血、吐血、便血、月經過多、崩漏、產後腹痛、白帶、乳汁不下、腸癰。
蘊藏量：豐多。

## 205、使君子

學名：*Quisqualis indica* L.
科名：使君子科*Combretaceae*
別名：山羊屎、色乾子、留求子。
藥用部分：果實。
性味：甘、溫、有小毒。
效用：果實有殺蟲消積、健脾之效，治蛔蟲腹痛、小兒疳積。
蘊藏量：普通。

## 206、欖仁

學名：*Terminalia catappa* L.
科名：使君子科*Combretaceae*
別名：枇杷樹、古巴梯斯。
藥用部分：樹皮、葉、種子。
性味：樹皮，苦、涼。葉，辛、微苦、涼。種子，苦、澀。
效用：樹皮有止痢、收斂之效，治腫毒。葉治皮膚病、肝病、頭痛、發熱、風濕性關節炎。種子治痢疾及腫毒。
蘊藏量：普通。

## 207、細葉水丁香

學名：*Ludwigia hyssopifolia* (G. Don) Exell
科名：柳葉菜科*Onagraceae*
別名：線葉丁香蓼、草龍。
藥用部分：全草。
性味：淡、辛、微苦、涼。
效用：全草有清熱解毒、涼血消腫之效，治感冒發燒、咽喉腫痛、牙痛、口瘡、疔瘡、濕熱瀉痢、水腫、淋痛、疳積、咯血、咳血、吐血、便血、崩漏、癰瘡癤腫。
蘊藏量：豐多。

## 208、水丁香

學名：*Ludwigia octovalvis* (Jacq.) Raven
科名：柳葉菜科*Onagraceae*
別名：水香蕉、毛草龍、草裏金釵。
藥用部分：全草。
性味：苦、微辛、涼。
效用：全草有清熱利濕、解毒消腫之效，治感冒發熱、小兒疳熱、咽喉腫痛、口舌生瘡、高血壓、水腫、濕熱瀉痢、淋痛、白濁、帶下、乳癰、疔瘡腫毒、痔瘡、燙火傷、毒蛇咬傷。
蘊藏量：普通。

## 209、鵝掌柴

郭昭麟／攝影

學名：*Schefflera octophylla* (Lour.) Harms
科名：五加科*Araliaceae*
別名：鴨腳木、江某、野麻瓜、鴨母樹、鴨腳樹。
藥用部分：根及幹皮
性味：苦、涼。
效用：根及幹皮有清熱解毒、消腫散瘀、發汗解表、袪風除濕、舒筋活絡之效，治感冒發熱、風濕、跌打。
蘊藏量：豐多。

## 210、通脫木

黃世動／攝影

學名：*Tetrapanax papyriferus* (Hook.) K. Koch
科名：五加科*Araliaceae*
別名：花草、通草、蓪草。
藥用部分：莖髓。
性味：甘、淡、微寒。
效用：莖髓有清熱利尿、通乳之效，治水腫、小便淋痛、尿頻、黃疸、濕溫病、帶下、經閉、乳汁較少或不下。
蘊藏量：豐多。

## 211、高氏柴胡

洪心容／攝影

學名：*Bupleurum kaoi* Liu, Chao & Chuang
科名：繖形科*Umbelliferae*
別名：清水柴胡。
藥用部分：根。
性味：苦、辛、涼。
效用：根治瘧疾、肝病、黃疸、月經失調、頭痛、頭暈、消化不良、嘔吐、背痛。
蘊藏量：稀少。

## 212、雷公根

黃世動／攝影

學名：*Centella asiatica* (L.) Urban
科名：繖形科*Umbelliferae*
別名：積雪草、老公根、蚶殼草、蜗仔草、含殼草、崩大碗、地棠草。
藥用部分：帶根全草。
性味：苦、辛、寒。
效用：全草有消炎解毒、涼血生津、清熱利濕之效，治傳染性肝炎、麻疹、感冒、扁桃腺炎、咽喉炎、支氣管炎、尿路感染、結石，解斷腸草、砒霜、蕈中毒。
蘊藏量：豐多。

## 213、鴨兒芹

洪心容 / 攝影

學名：*Cryptotaenia japonica* Hassk.
科名：繖形科*Umbelliferae*
別名：山芹菜。
藥用部分：全草。
性味：辛、平。
效用：全草有發表散寒、溫肺止咳之效，治食積腹痛、甲狀腺腫、氣虛食少、風寒感冒、尿閉。
蘊藏量：普通。

## 214、白珠樹

黃世勳 / 攝影

學名：*Gaultheria cumingiana* Vidal
科名：杜鵑花科*Ericaceae*
別名：多青油樹、鹽擦草、臺灣白珠樹、七里香。
藥用部分：全株
性味：辛、溫、有小毒。
效用：全株有祛風除濕、通絡止痛之效，治風濕痹痛、跌打損傷。
蘊藏量：豐多。

## 215、臺灣馬醉木

黃世勳 / 攝影

學名：*Pieris taiwanensis* Hayata
科名：杜鵑花科*Ericaceae*
別名：臺灣浸木、臺灣桂木、馬醉木。
藥用部分：根及幹。
性味：苦、涼、有大毒。
效用：根及幹有麻醉、鎮靜、止痛之效，治瘡疥、風濕關節痛、筋骨酸痛。
蘊藏量：豐多。

## 216、黑星紫金牛

洪心容 / 攝影

學名：*Ardisia virens* Kurz
科名：紫金牛科*Myrsinaceae*
別名：大葉紫金牛。
藥用部分：根。
性味：苦、辛、涼。
效用：根有清熱解毒、活血消腫、散瘀止痛之效，治感冒發熱、咽喉腫痛、牙痛、口糜、風濕熱痹、胃痛、小兒疳積、跌打腫痛。
蘊藏量：豐多。

## 217、白花藤

洪心容／攝影

學名：*Plumbago zeylanica* L.
科名：藍雪科*Plumbaginaceae*
別名：烏面馬、白花丹、白雪花、百花藤、小雞髻。
藥用部分：全草。
性味：辛、苦、澀、溫、有毒。
效用：全草有活血散瘀、祛風止痛、通經、殺蟲之效，治風濕、經閉、心胃氣痛、肝脾腫大、血瘀經閉、跌打、腫毒惡瘡、疥癬、毒蛇咬傷。
蘊藏量：普通。

## 218、烏皮九芎

黃世勳／攝影

學名：*Styrax formosana* Matsum.
科名：安息香科*Styracaceae*
別名：白樹、烏樹母樹、葉下白、鈴木紅皮、奮起湖野茉莉。
藥用部分：根、葉。
性味：辛、微溫。
效用：根、葉治痰多。
蘊藏量：普通。

## 219、灰木

黃世勳／攝影

學名：*Symplocos chinensis* (Lour.) Druce
科名：灰木科*Symplocaceae*
別名：白礬、牛屎烏、白檀。
藥用部分：根。
性味：根，微苦、溫、有小毒。
效用：根有清熱利濕、化痰截瘧之效，治感冒發熱、瘧疾、筋骨疼痛、瘡癤。
蘊藏量：豐多。

## 220、山素英

洪心容／攝影

學名：*Jasminum nervosum* Lour.
科名：木犀科*Oleaceae*
別名：白茉莉、山四英、白茉莉、白蘇英。
藥用部分：帶根全草。
性味：甘、辛、平。
效用：全草有行血理帶、補腎明目、通經活絡之效，治眼疾、咽喉腫痛、急性胃腸炎、風濕關節炎、生肌收斂、腳氣、濕疹、梅毒、腰酸、發育不良。
蘊藏量：豐多。

## 221、茉莉花

黃世勳／攝影

學名：*Jasminum sambac* (L.) Ait.
科名：木犀科*Oleaceae*
別名：三白、木梨花、茉莉、鬘華。
藥用部分：花、根。
性味：花，辛、甘、溫。根，苦、溫、有毒。
效用：花有行氣止痛、平肝解鬱、避穢開鬱之效，治濕濁中阻、胸膈不舒、下痢腹痛、頭暈頭痛、瘡毒、目赤紅腫。根有麻醉、止痛之效，治跌損筋骨、齲齒、頭痛、失眠。
蘊藏量：普通。

## 222、日本女貞

洪心容／攝影

學名：*Ligustrum liukiuense* Koidz.
科名：木犀科*Oleaceae*
別名：女貞木、多青木、東女貞。
藥用部分：葉。
性味：苦、微甘、涼。
效用：葉有清熱、止瀉之效，治頭目眩暈、火眼、口瘡、無名腫毒、水火燙傷。芽、葉有消暑功能，可代茶飲。
蘊藏量：普通。

## 223、木犀

黃世杰／攝影

學名：*Osmanthus fragrans* Lour.
科名：木犀科*Oleaceae*
別名：桂花、銀桂、巖桂、丹桂。
藥用部分：根、花。
性味：根，辛、甘、溫。花，辛、溫。
效用：根治胃痛、牙痛、風濕麻木、筋骨疼痛。花有祛痰、散瘀之效，治痰飲喘咳、腸風血痢、疝瘕、牙痛、口臭。
蘊藏量：豐多。

## 224、白蒲姜

黃世勳／攝影

學名：*Buddleja asiatica* Lour.
科名：馬錢科*Loganiaceae*
別名：駁骨丹、山埔姜、海揚波、揚波。
藥用部分：全株。
性味：苦、微辛、溫、有小毒。
效用：全株有祛風利濕、行氣活血、清熱解毒、理氣止痛、舒筋活絡之效，治風濕痛、風寒發熱、頭身酸痛、脾濕腹脹、痢疾、丹毒、跌打、皮膚病、婦女產後頭風、胃寒作痛；外用治濕疹、無名腫毒。
蘊藏量：豐多。

## 225、軟枝黃蟬

黃世勳 / 攝影

學名：*Allamanda cathartica* L.
科名：夾竹桃科*Apocynaceae*
別名：黃蟬、大花黃蟬。
藥用部分：葉及乳汁。
性味：辛、苦、溫、有毒。
效用：葉及乳汁有瀉下之效，易引起皮膚炎，治皮膚濕疹、瘡瘍腫毒、疥癬。
蘊藏量：普通。

## 226、長春花

洪心容 / 攝影

學名：*Catharanthus roseus* (L.) Don
科名：夾竹桃科*Apocynaceae*
別名：日日春、雁來紅、四時春、三萬花。
藥用部分：全草。
性味：微苦、涼、有毒。
效用：全草有抗癌、降壓、安神、解毒、清熱、平肝之效，治急性淋巴細胞性白血病、淋巴肉瘤、肺癌、絨毛膜上皮癌、子宮癌、巨濾泡性淋巴瘤、高血壓。
蘊藏量：豐多。

## 227、海檬果

洪心容 / 攝影

學名：*Cerbera manghas* L.
科名：夾竹桃科*Apocynaceae*
別名：山檨仔、猴歡喜。
藥用部分：全株。
性味：微苦、涼、有大毒。
效用：全株有鎮靜、安神、平肝、降壓、抗癌之效，治高血壓、白血病、肺癌、淋巴腫瘤。種子為外科膏藥或麻醉藥。
蘊藏量：普通。

## 228、絡石

黃世勳 / 攝影

學名：*Trachelospermum jasminoides* (Lindl.) Lemaire
科名：夾竹桃科*Apocynaceae*
別名：石龍藤、臺灣白花藤、鹽酸仔藤。
藥用部分：莖藤。
性味：苦、微寒。
效用：莖藤有祛風通絡、涼血消腫之效，治風濕熱痹、筋脈拘攣、腰膝酸痛、喉痹、癰腫、跌打損傷。果實治筋骨痛。
蘊藏量：普通。

## 229、馬利筋

洪心容／攝影

學名：*Asclepias curassavica* L.
科名：蘿藦科*Asclepiadaceae*
別名：尖尾鳳、蓮生桂子花、芳草花。
藥用部分：全草。
性味：苦、寒。
效用：全草有清熱解毒、活血止血、消腫止痛之效，治乳蛾、肺熱咳嗽、咽喉腫痛、痰喘、熱淋、小便淋痛、帶下、月經不調、崩漏、癰瘡腫毒、濕疹、頑癬、外傷出血。
蘊藏量：普通。

## 230、鷗蔓

黃世動／攝影

學名：*Tylophora ovata* (Lindl.) Hook. *ex* Steud.
科名：蘿藦科*Asclepiadaceae*
別名：卵葉娃兒藤、鷗蔓、百條根。
藥用部分：全草。
性味：辛、溫、小毒。
效用：全草有祛風除濕、化痰止咳、散瘀止痛之效，治風濕痹痛、咳喘痰多、跌打腫痛、毒蛇咬傷。
蘊藏量：普通。

## 231、咖啡樹

洪心容／攝影

學名：*Coffea arabica* L.
科名：茜草科*Rubiaceae*
別名：咖啡、阿拉伯咖啡。
藥用部分：種子。
性味：苦、澀、平。
效用：種子有健胃、助消化、利尿、提神之效，治精神倦怠、食慾不振。
蘊藏量：普通。

## 232、水線草

黃世動／攝影

學名：*Hedyotis corymbosa* (L.) Lam.
科名：茜草科*Rubiaceae*
別名：繖花龍吐珠、珠仔草、繖花耳草、大本白花蛇舌草。
藥用部分：全草。
性味：甘、平。
效用：全草有清熱解毒、活血、利尿之效，治乳蛾、肝炎、小便淋痛、咽喉痛、腸癰、瘧疾、跌打損傷；外用治瘡癤癰腫、毒蛇咬傷、燙傷。
蘊藏量：普通。

## 233、白花蛇舌草

洪心容／攝影

學名：*Hedyotis diffusa* Willd.
科名：茜草科*Rubiaceae*
別名：龍吐珠、定經草、白花十字草、蛇
舌草、蛇舌癀、蛇針草。
藥用部分：帶根全草。
性味：苦、甘、寒。
效用：全草有清熱解毒、利濕消癰、抗癌
之效，治惡性腫瘤、腸癰、咽喉腫痛、濕
熱黃疸、小便不利、瘡癤腫毒、毒蛇咬
傷。
蘊藏量：豐多。

## 234、檄樹

黃世勳／攝影

學名：*Morinda citrifolia* L.
科名：茜草科*Rubiaceae*
別名：紅珠樹、水多瓜、海巴戟天。
藥用部分：果實。
性味：甘、涼。
效用：果實治感冒、咳嗽、喉嚨痛、哮喘。
蘊藏量：稀少。

## 235、玉葉金花

黃世勳／攝影

學名：*Mussaenda parviflora* Matsum.
科名：茜草科*Rubiaceae*
別名：山甘草、白甘草、黏滴草、涼茶藤
、白茶。
藥用部分：根、莖。
性味：甘、淡、涼。
效用：根、莖有清熱利濕、固肺滋腎、和
血解毒之效，治肺熱咳嗽、腰骨酸痛、腎
炎、瘧疾發熱。
蘊藏量：普通。

## 236、雞屎藤

郭昭麟／攝影

學名：*Paederia foetida* L.
科名：茜草科*Rubiaceae*
別名：牛皮凍、清風藤。
藥用部分：全草。
性味：甘、酸、微苦、平。
效用：全草有袪風利濕、消食化積、消炎
止咳、活血止痛之效，治黃疸、積食飽
脹、經閉、痢疾、胃氣痛、風濕疼痛、泄
瀉、肺癆咯血、頓咳、消化不良、小兒疳
積、氣虛浮腫。
蘊藏量：豐多。

## 237、九節木

洪心容 / 攝影

學名：*Psychotria rubra* (Lour.) Poir.
科名：茜草科*Rubiaceae*
別名：山大顏、大傷木、大丹葉、暗山公、牛屎烏。
藥用部分：根、莖。
性味：苦、寒。
效用：根、莖有清熱解毒、祛風去濕、消腫拔毒之效，治感冒發熱、白喉、乳蛾、咽喉腫痛、痢疾、胃痛、風濕骨痛。
蘊藏量：普通。

## 238、馬蹄金

邱年永 / 攝影

學名：*Dichondra micrantha* Urban
科名：旋花科*Convolvulaceae*
別名：金錢草、黃疸草。
藥用部分：全草。
性味：苦、辛、平。
效用：全草有清熱利濕、解毒消腫、止血生肌之效，治ւ病疝氣、黃疸腹脹、高血壓、結石淋痛、跌打損傷、外傷出血、毒蛇咬傷。
蘊藏量：普通。

## 239、甘藷

黃世勳 / 攝影

學名：*Ipomoea batatas* (L.) Lam.
科名：旋花科*Convolvulaceae*
別名：地瓜、山芋。
藥用部分：塊根
性味：甘、平。
效用：塊根有益氣生津、補中和血、寬腸胃、導便秘之效。
蘊藏量：豐多。

## 240、馬鞍藤

洪心容 / 攝影

學名：*Ipomoea pes-caprae* (L.) R. Br. subsp. *brasiliensis* (L.) Oostst.
科名：旋花科*Convolvulaceae*
別名：馬蹄草、二葉紅薯、紅花馬鞍藤、厚藤、海灘牽牛。
藥用部分：全草。
性味：辛、苦、微寒。
效用：全草有除風祛濕、消腫拔毒、散結行氣、消腫之效，治風濕、癰疽、痔瘡。葉燒熱貼患處可治刺傷、頭痛。
蘊藏量：普通。

## 241、狗尾蟲

黃世動 / 攝影

學名：*Heliotropium indicum* L.
科名：紫草科*Boraginaceae*
別名：狗尾草、金耳墜、耳鉤草、墨魚鬚草。
藥用部分：全草。
性味：苦、平、有毒。
效用：全草有清熱、利尿、消腫、解毒、排膿、止痛、殺蟲止癢之效，治膿胸、咽喉痛、咳嗽、咳咯膿痰、石淋、小兒急驚、口腔糜爛、癰腫，長期服用易致肝癌。
蘊藏量：普通。

## 242、康復力

洪心容 / 攝影

學名：*Symphytum officinale* L.
科名：紫草科*Boraginaceae*
別名：康富力。
藥用部分：全草。
性味：苦、涼、有小毒。
效用：全草有補血、止瀉、防癌之效，治高血壓、出血、瀉痢，長期服用易致肝癌。
蘊藏量：普通。

## 243、藤紫丹

洪心容 / 攝影

學名：*Tournefortia sarmentosa* Lam.
科名：紫草科*Boraginaceae*
別名：清飯藤、冷飯藤、倒扒麒麟、拍拍藤。
藥用部分：莖葉。
性味：苦、辛、溫。
效用：莖葉有活血、祛風、解毒、消腫之效，治筋骨痠痛、潰爛、創傷出血、心臟無力、氣虛頭痛、白濁、白帶。
蘊藏量：普通。

## 244、杜虹花

邱年永 / 攝影

學名：*Callicarpa formosana* Rolfe
科名：馬鞭草科*Verbenaceae*
別名：粗糠仔、白粗糠、山檳榔、臺灣紫珠。
藥用部分：根。
性味：苦、澀、涼。
效用：根有補腎滋水、清血去瘀之效，治風濕、手腳痠軟無力、下消、白帶、喉痛、神經痛、眼疾、呼吸道感染、扁桃腺炎、肺炎、支氣管炎、咳血、吐血、鼻出血、創傷出血。
蘊藏量：豐多。

## 245、化石樹

廖隆德 / 攝影

學名：*Clerodendrum calamitosum* L.
科名：馬鞭草科*Verbenaceae*
別名：大號化石草、結石樹、爪哇大青。
藥用部分：枝、葉。
性味：苦、寒、有小毒。
效用：枝、葉治膀胱結石、膽結石、腎結石。
蘊藏量：普通。

## 246、苦藍盤

郭昭麟 / 攝影

學名：*Clerodendrum inerme* (L.) Gaertn.
科名：馬鞭草科*Verbenaceae*
別名：苦樹、白花苦藍盤、苦林盤。
藥用部分：根、葉。
性味：苦、微辛、寒、有毒。
效用：根、葉有清熱解毒、散瘀除濕、舒筋活絡之效，治跌打、血瘀腫痛、內傷吐血、外傷出血、瘡疥、濕疹搔癢、風濕骨痛、腰腿痛、瘧疾。
蘊藏量：豐多。

## 247、龍船花

黃世勳 / 攝影

學名：*Clerodendrum kaempferi* (Jacq.) Siebold *ex* Steud.
科名：馬鞭草科*Verbenaceae*
別名：圓錐大青、蛇痀花。
藥用部分：根及莖。
性味：苦、寒。
效用：根及莖有調經、理氣之效，治月經不調、赤白帶下、淋病、腰痠背痛、糖尿病。
蘊藏量：豐多。

## 248、石莧

洪心容 / 攝影

學名：*Phyla nodiflora* (L.) Greene
科名：馬鞭草科*Verbenaceae*
別名：鴨舌癀、鴨嘴癀。
藥用部分：全草。
性味：酸、甘、微苦、寒。
效用：全草有清熱解毒、散瘀消腫之效，治痢疾、乳蛾、跌打損傷、咽喉腫痛、牙疳、癰疽瘡毒、帶狀疱疹、濕疹、疥癬；外用治癰疽疔毒、纏腰火丹、慢性濕疹。
蘊藏量：普通。

## 249、黃荊

黃世勳 / 攝影

學名：*Vitex negundo* L.
科名：馬鞭草科*Verbenaceae*
別名：埔姜仔、不驚茶、牡荊、埔荊茶。
藥用部分：根、莖、葉。
性味：苦、平。
效用：根、莖、葉有清熱止咳、化痰截瘧之效，治咳嗽痰喘、瘧疾、肝炎。
蘊藏量：豐多。

## 250、單葉蔓荊

郭昭麟 / 攝影

學名：*Vitex rotundifolia* L. f.
科名：馬鞭草科*Verbenaceae*
別名：海埔姜、山埔姜、白埔姜、蔓荊、水梫子。
藥用部分：果實(蔓荊子)。
性味：苦、辛、涼。
效用：果實有疏散風熱、清利頭目之效，治風熱感冒、頭痛、齒齦腫痛、目赤多淚、頭暈目眩。
蘊藏量：豐多。

## 251、金錢薄荷

邱年永 / 攝影

學名：*Glechoma hederacea* L. var. *grandis* (A. Gray) Kudo
科名：唇形科*Labiatae*
別名：金錢草、大馬蹄草、白花仔草、虎咬癀、相思草、茶匙癀、有骨消。
藥用部分：全草。
性味：辛、苦、微寒。
效用：全草有解毒、利尿、解熱、行血、消腫、止痛、祛風、止咳之效，治感冒、腹痛、跌打、膀胱結石、咳嗽、頭風、惡瘡、腫毒。
蘊藏量：普通。

## 252、白冇骨消

洪心容 / 攝影

學名：*Hyptis rhomboides* Mart. &. Gal.
科名：唇形科*Labiatae*
別名：頭花香苦草、紅冇骨消、冇骨消、吊球草、頭花假走馬風。
藥用部分：全草。
性味：淡、涼。
效用：全草有祛濕、消滯、消腫、解熱、止血之效，治感冒、肺疾、中暑、氣喘、淋病。
蘊藏量：普通。

## 253、山香

洪心容 / 攝影

學名：*Hyptis suaveolens* (L.) Poir.
科名：唇形科*Labiatae*
別名：假走馬風、香苦草、狗母蘇、逼地蛇、毛老虎。
藥用部分：全草。
性味：苦、辛、平。
效用：全草有疏風散瘀、行氣利濕、解毒止痛之效，治感冒頭痛、胃脹脹氣、風濕骨痛；外用治跌打腫痛、創傷出血、癰腫瘡毒、蟲蛇咬傷、濕疹、皮炎。
蘊藏量：普通。

## 254、仙草

黃世勳 / 攝影

學名：*Mesona chinensis* Benth.
科名：唇形科*Labiatae*
別名：仙草舅、仙人凍、涼粉草。
藥用部分：全草。
性味：甘、涼。
效用：全草有清熱、解渴、涼血、解暑、降血壓之效，治中暑、感冒、肌肉痛、關節痛、高血壓、淋病、腎臟病、臟腑熱病、糖尿病。
蘊藏量：普通。

## 255、貓鬚草

黃世勳 / 攝影

學名：*Orthosiphon aristatus* (Blume) Miq.
科名：唇形科*Labiatae*
別名：腎茶、貓鬚公、圓錐直管草。
藥用部分：莖葉。
性味：甘、淡、微苦、涼。
效用：莖葉有清熱、利尿、排石之效，治急慢性腎炎、膀胱炎、尿路結石、風濕性關節炎。
蘊藏量：普通。

## 256、紫蘇

洪心容 / 攝影

學名：*Perilla frutescens* (L.) Britt.
科名：唇形科*Labiatae*
別名：蘇、赤蘇、桂荏、紅紫蘇、蛙蘇。
藥用部分：全草。
性味：辛、溫。
效用：全草有發表散寒、下氣消痰、理氣疏鬱、安胎之效，治感冒、咳嗽、咳逆、痰喘、氣鬱、食滯、胎氣不和。
蘊藏量：普通。

## 257、到手香

洪心容／攝影

學名：*Plectranthus amboinicus* (Lour.) Spreng.
科名：唇形科*Labiatae*
別名：著手香、左手香。
藥用部分：全株。
性味：辛、微溫。
效用：全株有芳香化濁、開胃止嘔、發表解暑之效，爲芳香健胃藥，治濕濁中阻、脘痞嘔吐、暑濕倦怠、胸悶不舒、寒濕閉暑、腹痛吐瀉、解熱鎮吐劑；外用治手足癬。
蘊藏量：普通。

## 258、夏枯草

黃世勳／攝影

學名：*Prunella vulgaris* L.
科名：唇形科*Labiatae*
別名：大本夏枯草、大頭花。
藥用部分：果穗。
性味：苦、辛、寒。
效用：果穗有清肝、散結、消腫之效，治目赤腫痛、目珠夜痛、頭痛眩暈、瘰癧、癭瘤、乳癰腫痛、乳腺增生症、高血壓。
蘊藏量：普通。

## 259、一串紅

洪心容／攝影

學名：*Salvia splendens* Ker.-Gawl.
科名：唇形科*Labiatae*
別名：牆下紅、炮仔花、西洋紅、象牙海棠。
藥用部分：全草。
性味：甘、平。
效用：全草有清熱、涼血、消腫之效，外用治癰瘡腫毒、跌打、脫臼腫痛。
蘊藏量：豐多。

## 260、枸杞

張永勳／攝影

學名：*Lycium chinense* Mill.
科名：茄科*Solanaceae*
別名：地仙公、地骨、枸棘子、枸繼子、甜菜子。
藥用部分：全株。
性味：成熟果實(枸杞子)，甘、平。根皮(地骨皮)，甘、寒。
效用：成熟果實有滋腎、潤肺、補肝、明目之效，治肝腎陰虛、腰膝酸軟、目眩、消渴、遺精。根皮有清熱、涼血之效，治肺熱咳嗽、高血壓。
蘊藏量：普通。

## 261、山煙草

洪心容 / 攝影

學名：*Solanum verbascifolium* L.
科名：茄科*Solanaceae*
別名：土煙、山番仔煙、蚊仔煙、樹茄、
假煙葉樹。
藥用部分：根。
性味：苦、溫、有毒。
效用：根有消炎、解毒、止痛、祛風、解
表之效，治腹痛、骨折、跌打損傷、白血
病；外用治瘡毒、疥癬。
蘊藏量：豐多。(備註3)

## 262、龍葵

黃世動 / 攝影

學名：*Solanum nigrum* L.
科名：茄科*Solanaceae*
別名：黑子仔菜、苦菜、苦葵、天茄子、
烏甜菜。
藥用部分：全草。
性味：苦、微甘、寒、有小毒。
效用：全草有清熱解毒、消腫散結、活血
利尿之效，治癰腫、丹毒、癌症、疔瘡、
跌打、慢性咳嗽痰喘、水腫、癌腫。
蘊藏量：豐多。

## 263、玉珊瑚

黃世動 / 攝影

學名：*Solanum pseudocapsicum* L.
科名：茄科*Solanaceae*
別名：冬珊瑚、珊瑚櫻、瑪瑙珠、珊瑚子。
藥用部分：根。
性味：鹹、微苦、溫、有毒。
效用：根有理氣、止痛、生肌、解毒、消炎
之效，治腰肌勞損、牙痛、水腫、瘡瘍腫
毒。
蘊藏量：豐多。

## 264、甜珠草

洪心容 / 攝影

學名：*Scoparia dulcis* L.
科名：玄參科*Scrophulariaceae*
別名：野甘草、土甘草、冰糖草、珠仔草。
藥用部分：全草。
性味：甘、平。
效用：全草有清熱、解毒、利尿、生津、疏
風、止癢之效，治肺熱咳嗽、外感風熱、泄
瀉、痢疾、小便不利、小兒疳積、腳氣、濕
疹、小兒麻疹、熱痱、咽喉痛、丹毒、預防
中暑、目赤腫痛。
蘊藏量：普通。

## 265、釘地蜈蚣

廖隆德 / 攝影

學名：*Torenia concolor* Lindl.
科名：玄參科*Scrophulariaceae*
別名：倒地蜈蚣、地蜈蚣、四角銅鐘。
藥用部分：全草。
性味：苦、涼。
效用：全草有清熱解毒、利濕、止咳、和胃止嘔、化瘀之效，治嘔吐、黃疸、血淋、風熱咳嗽、腹瀉、跌打損傷、疔毒。
蘊藏量：豐多。

## 266、穿心蓮

洪心容 / 攝影

學名：*Andrographis paniculata* (Burm. f.) Nees
科名：爵床科*Acanthaceae*
別名：欖核蓮、一見喜、圓錐鬚藥草、苦膽草、一葉茶。
藥用部分：枝、葉。
性味：苦、寒、有毒。
效用：枝、葉有清熱解毒、消腫止痛之效，治扁桃腺炎、咽喉炎、流行性腮腺炎、肺炎、細菌性痢疾、急性胃腸炎；外用治毒蛇咬傷、傷口感染。
蘊藏量：普通。

## 267、狗肝菜

邱年永 / 攝影

學名：*Dicliptera chinensis* (L.) Juss.
科名：爵床科*Acanthaceae*
別名：華九頭獅子草、青蛇仔、跛邊青、本地羚羊。
藥用部分：全草。
性味：微苦、寒、有小毒。
效用：全草有清熱解毒、涼血利尿、清肝熱、生津、利尿之效，治感冒發熱、癰腫、目赤腫痛、小便淋瀝、痢疾。
蘊藏量：普通。

## 268、爵床

邱年永 / 攝影

學名：*Justicia procumbens* L.
科名：爵床科*Acanthaceae*
別名：鼠尾癀、鼠筋紅、鳳尾紅。
藥用部分：全草。
性味：鹹、辛、寒。
效用：全草有清熱解毒、利濕消滯、活血止痛之效，治感冒發熱、痢疾、黃疸、跌打。
蘊藏量：普通。

## 269、白鶴靈芝

黃世勳 / 攝影

學名：*Rhinacanthus nasutus* (L.) Kurz
科名：爵床科*Acanthaceae*
別名：仙鶴草、癬草、香港仙鶴草。
藥用部分：全草。
性味：甘、淡、微苦、平。
效用：全草有潤肺止咳、平肝降火、消腫解毒、殺蟲止癢之效，治高血壓、糖尿病、肝病、肺結核、脾胃濕熱、濕疹。
蘊藏量：普通。

## 270、消渴草

黃世勳 / 攝影

學名：*Ruellia tuberosa* L.
科名：爵床科*Acanthaceae*
別名：蘆利草、小苞爵床、腰子草。
藥用部分：全草。
性味：微苦、辛、寒、有小毒。
效用：全草治糖尿病。
蘊藏量：普通。

## 271、車前草

邱年永 / 攝影

學名：*Plantago asiatica* L.
科名：車前科*Plantaginaceae*
別名：五斤草、錢貫草。
藥用部分：全草。
性味：甘、寒。
效用：全草有清熱、利尿、祛痰、涼血、解毒之效，治水腫尿少、熱淋澀痛、暑濕瀉痢、痰熱咳嗽、吐血、衄血、癰腫、瘡毒。
蘊藏量：普通。

## 272、金銀花

洪心容 / 攝影

學名：*Lonicera japonica* Thunb.
科名：忍冬科*Caprifoliaceae*
別名：新店忍冬、四時春、忍冬藤、毛忍冬。
藥用部分：花蕾。
性味：甘、涼。
效用：花蕾有清熱、解毒之效，治咽喉腫痛、流行感冒、乳蛾、乳癰、腸癰、癰癤膿腫、丹毒、外傷感染、帶下。
蘊藏量：普通。

## 273、冇骨消

廖隆德 / 攝影

學名：*Sambucus chinensis* Lindl.
科名：忍冬科*Caprifoliaceae*
別名：臺灣蒴藋、陸英、接骨草。
藥用部分：全草。
性味：甘、酸、溫。
效用：全草有解毒消腫、解熱鎮痛、活血散瘀、利尿之效，治風濕性關節炎、無名腫毒、腳氣浮腫、泄瀉、咳嗽痰喘；外用治跌打損傷、骨折。
蘊藏量：豐多。

## 274、半邊蓮

黃世勳 / 攝影

學名：*Lobelia chinensis* Lour.
科名：桔梗科*Campanulaceae*
別名：鐮歷仔草、水仙花草、拈力仔草、急解索、細米草。
藥用部分：全草
性味：甘、淡、微寒。
效用：全草有涼血解毒、利尿消腫、清熱解毒之效，治黃疸、水腫、肝硬化腹水、晚期血吸蟲病腹水、乳蛾、腸癰、毒蛇咬傷、跌打、痢疾、疔瘡。
蘊藏量：普通。

## 275、普剌特草

黃世勳 / 攝影

學名：*Lobelia nummularia* Lam.
科名：桔梗科*Campanulaceae*
別名：老鼠拖秤錘、銅錘草、銅錘玉帶草。
藥用部分：全草。
性味：苦、辛、甘、平。
效用：全草有清熱解毒、活血、祛風利濕之效，治肺虛久咳、風濕關節痛、跌打、乳癰、乳蛾、無名腫毒。
蘊藏量：豐多。

## 276、金鈕扣

洪心容 / 攝影

學名：*Acmella paniculata* (Wall. *ex* DC.) R. K. Jansen
科名：菊科*Compositae*
別名：六神草、金再鉤、鐵拳頭。
藥用部分：全草。
性味：辛、苦、微溫。
效用：全草有消腫、止痛之效，治咳嗽、腹瀉、跌打。花治牙痛、胃痛。葉能利尿。
蘊藏量：普通。

## 277、勝紅薊

洪心容／攝影

學名：*Ageratum conyzoides* L.
科名：菊科*Compositae*
別名：藿香薊、毛麝香、白花香草、白花臭草、檸檬菊、白毛苦、消炎草。
藥用部分：全草。
性味：辛、微苦、平。
效用：全草有清熱解毒、利咽消腫、止痛止血之效，治感冒發熱、咽喉腫痛、泄瀉、胃痛、腎結石、濕疹搔癢、鵝口瘡、癰疽腫毒、中耳炎、外傷出血。
蘊藏量：豐多。

## 278、艾

黃世勳／攝影

學名：*Artemisia indica* Willd.
科名：菊科*Compositae*
別名：艾蒿、家艾、五月艾。
藥用部分：全草。
性味：苦、辛、溫。
效用：全草有理血氣、逐寒濕、溫經、止血、安胎之效，治心腹冷痛、久痢、月經不調、胎動不安。
蘊藏量：普通。

## 279、昭和草

黃世勳／攝影

學名：*Crassocephalum crepidioides* (Benth.) S. Moore
科名：菊科*Compositae*
別名：饑荒草、野木耳菜、野茼蒿、山茼蒿。
藥用部分：全草。
性味：辛、平。
效用：全草有解熱、健胃、消腫之效，治腹痛。
蘊藏量：豐多。

## 280、蘄艾

廖隆德／攝影

學名：*Crossostephium chinense* (L.) Makino
科名：菊科*Compositae*
別名：芙蓉菊、芙蓉、千年艾、海芙蓉、白石艾。
藥用部分：全草。
性味：辛、苦、微溫。
效用：根有祛風濕之效，治風濕、胃寒疼痛。葉有祛風濕、消腫毒之效，治風寒感冒、小兒驚風、癰疽疔瘡。
蘊藏量：普通。

## 281、石胡荽

黃世勳 / 攝影

學名：*Centipeda minima* (L.) A. Braun & Asch.
科名：菊科*Compositae*
別名：珠仔草、鵝不食草、小返魂、白珠
子草、球子草、砂藥草。
藥用部分：全草。
性味：辛、溫、有小毒。
效用：全草有祛風散寒、除濕通竅之效，
治風寒頭痛、咳嗽痰多、鼻塞不通、鼻淵
流涕、百日咳、慢性支氣管炎、結膜炎、
瘧疾。
蘊藏量：普通。

## 282、鱧腸

洪心容 / 攝影

學名：*Eclipta prostrata* (L.) L.
科名：菊科*Compositae*
別名：墨菜、墨草。
藥用部分：全草。
性味：甘、酸，微寒。
效用：全草有涼血止血、補陰益腎、清熱
解毒、生毛髮、烏鬚髮之效，治吐血、衄
血、牙齦出血、尿血、血痢、便血、血
崩、慢性肝炎、腸炎、小兒疳積、腎虛耳
鳴、神經衰弱、腰酸、鼻衄。
蘊藏量：豐多。

## 283、兔兒草

邱年永 / 攝影

學名：*Ixeris chinensis* (Thunb.) Nakai
科名：菊科*Compositae*
別名：蒲公英、兔仔菜、鵝仔菜、苦尾菜。
藥用部分：全草。
性味：苦、涼。
效用：全草有清熱解毒、瀉火涼血、止痛止
血、調經活血、祛腐生肌之效，治無名腫
毒、風熱咳嗽、痢疾、跌打、肺炎、尿道結
石。
蘊藏量：豐多。

## 284、傷寒草

邱年永 / 攝影

學名：*Vernonia cinerea* (L.) Less.
科名：菊科*Compositae*
別名：一枝香、大號一枝香、生支香、夜
香牛、夜牽牛、四時春、生肌香。
藥用部分：全草。
性味：淡、苦、微甘、寒。
效用：全草有疏風解熱、拔毒消腫、安神
鎮靜、消積化滯之效，治感冒發熱、痢
疾、跌打、蛇傷、瘡癤腫毒。
蘊藏量：豐多。

## 285、蟛蜞菊

黃世勳／攝影

學名：*Wedelia chinensis* (Osbeck) Merr.
科名：菊科*Compositae*
別名：黃花蜜菜、四季春、田烏草、蛇舌癀、黃花田路草、雞舌癀 。
藥用部分：全草。
性味：甘、淡、涼。
效用：全草有清熱解毒、祛瘀消腫之效，治白喉、頓咳、痢疾、痔瘡、跌打損傷。
蘊藏量：豐多。

## 286、韭菜

洪心容／攝影

學名：*Allium tuberosum* Rottler
科名：百合科*Liliaceae*
別名：扁菜、草鐘乳、起陽草。
藥用部分：種子。
性味：辛、甘、溫。
效用：種子有補肝腎、暖腰膝、壯陽固精之效，治陽萎夢遺、小便頻數、遺尿、腰膝酸軟、淋濁。
蘊藏量：普通。

## 287、朱蕉

郭昭麟／攝影

學名：*Cordyline fruticosa* (L.) A. Cheval.
科名：百合科*Liliaceae*
別名：觀音竹、紅竹仔、紅葉、宋竹。
藥用部分：葉。
性味：淡、平。
效用：葉有清熱、涼血、止咳、散瘀、止痛之效，治咳嗽、鼻衄。
蘊藏量：普通。

## 288、臺灣百合

黃世勳／攝影

學名：*Lilium formosanum* Wall.
科名：百合科*Liliaceae*
別名：通江百合、高砂百合
藥用部分：鱗莖。
性味：苦、微寒，有小毒。
效用：鱗莖有利尿清熱、潤肺止咳、清心安神之效，治肺癆久嗽、咳唾痰血、熱病後餘熱未清、虛煩驚悸、神志恍惚、腳氣浮腫等。
蘊藏量：普通。

## 289、闊葉麥門冬

洪心容／攝影

學名：*Liriope platyphylla* F. T. Wang ＆ T. Tang
科名：百合科*Liliaceae*
別名：大葉麥門冬、大麥冬、闊葉土麥冬。
藥用部分：塊根。
性味：甘、微苦、寒。
效用：塊根有養陰、生津之效，治陰虛肺燥、咳嗽痰黏、胃陰不足、口燥咽乾、腸燥便秘。
蘊藏量：普通。

## 290、百部

黃世勳／攝影

學名：*Stemona tuberosa* Lour.
科名：百部科*Stemonaceae*
別名：對葉百部、百部草、野天門冬、百條根。
藥用部分：塊根。
性味：甘、苦、微溫。
效用：塊根有潤肺止咳、殺蟲滅虱之效，治寒熱咳嗽、肺癆咳嗽、頓咳、老年咳嗽、咳嗽痰喘，蛔、線蟲病；外用治皮膚疥癬、濕疹、頭虱、體虱及陰虱。
蘊藏量：普通。

## 291、文殊蘭

洪心容／攝影

學名：*Crinum asiaticum* L.
科名：石蒜科*Amaryllidaceae*
別名：文珠蘭、允水蕉、引水蕉。
藥用部分：鱗莖。
性味：辛、涼，小毒。
效用：鱗莖有行血散瘀、消腫止痛之效，治咽喉腫痛、跌打損傷、癰癤腫毒、蛇咬傷。
蘊藏量：豐多。

## 292、蔥蘭

郭昭麟／攝影

學名：*Zephyranthes candida* (Lindl.) Herb.
科名：石蒜科*Amaryllidaceae*
別名：玉簾、肝風草、蔥蓮、白菖蒲蓮、白玉簾。
藥用部分：全草。
性味：甘、平。
效用：全草有平肝熄風、散熱解毒之效，治小兒急驚風；外用治癰瘡、紅腫。
蘊藏量：普通。

## 293、韭蘭

洪心容 / 攝影

學名：*Zephyranthes carinata* (Spreng.) Herb.
科名：石蒜科*Amaryllidaceae*
別名：紅玉廉、旱水仙。
藥用部分：全草。
性味：苦、寒。
效用：全草有熱解毒、活血涼血之效，治吐血、血崩、跌打紅腫、毒蛇咬傷；外用搗敷乳癰、毒瘡。
蘊藏量：普通。

## 294、黃藥

黃世勳 / 攝影

學名：*Dioscorea bulbifera* L.
科名：薯蕷科*Dioscoreaceae*
別名：本首烏、山芋、黃獨、土首烏。
藥用部分：擔根體。
性味：苦、平、有毒。
效用：擔根體有消腫解毒、化痰散結、涼血止血之效，治瘦瘤、咳嗽痰喘、咳血、吐血、瘰癧、瘡瘍腫毒、毒蛇咬傷、食道癌。
蘊藏量：豐多。

## 295、射干

何玉鈴 / 攝影

學名：*Belamcanda chinensis* (L.) DC.
科名：鳶尾科*Iridaceae*
別名：開喉箭、烏扇、扇子草、野萱花、交剪草。
藥用部分：根莖。
性味：苦、寒。
效用：根莖有清熱解毒、利咽喉、降氣、祛痰、降火、散血之效，治喉痺咽痛、咳逆、經閉、癰瘡。
蘊藏量：普通。

## 296、田蔥

黃世勳 / 攝影

學名：*Philydrum lanuginosum* Banks & Sol.
科名：田蔥科*Philydraceae*
別名：水蘆薈、水蔥、中蔥、扇合草。
藥用部分：全草。
性味：微鹹、平。
效用：全草有清熱、利濕、解毒之效，治腳氣、水腫、熱症、多發性膿腫、疥癬、瘡瘍腫毒。
蘊藏量：普通。

### 297、鴨跖草

黃世動／攝影

學名：*Commelina communis* L.
科名：鴨跖草科*Commelinaceae*
別名：藍花茶、竹葉茶、竹節茶。
藥用部分：全草。
性味：甘、淡、寒。
效用：全草有清熱解毒、利水消腫、潤肺涼血之效，治心因性水腫、腎炎水腫、腳氣、小便不利、喉痛、黃疸性肝炎、尿路感染、跌打損傷。
蘊藏量：普通。

### 298、蚌蘭

洪心容／攝影

學名：*Rhoeo discolor* Hance
科名：鴨跖草科*Commelinaceae*
別名：紫背萬年青、紅三七、荷包花、菱角花。
藥用部分：葉。
性味：甘、淡、涼。
效用：葉有清熱潤肺、化痰止咳、涼血止痢之效，治肺炎、肺熱乾咳、勞傷吐血、跌打損傷。
蘊藏量：普通。

### 299、香附

洪心容／攝影

學名：*Cyperus rotundus* L.
科名：莎草科*Cyperaceae*
別名：香附子、莎草、香稜、依依草。
藥用部分：根莖。
性味：辛、甘、微苦、平。
效用：根莖有理氣解鬱、調經止痛之效，治痛經、月經不調、氣鬱不舒。
蘊藏量：豐多。

### 300、看麥娘

黃世動／攝影

學名：*Alopecurus aequalis* Sobol. var. *amurensis* (Kom.) Ohwi
科名：禾本科*Gramineae*
別名：道旁穀、山高粱、牛頭猛。
藥用部分：全草。
性味：淡、涼。
效用：全草有解熱利尿、消腫解毒之效，治肝火旺、消化不良、小兒腹瀉、水腫、水痘、泄瀉、蛇傷。
蘊藏量：豐多。

## 301、薏苡

洪心容 / 攝影

學名：*Coix lacryma-jobi* L.
科名：禾本科*Gramineae*
別名：薏苡仁、薏仁、薏米、草珠兒。
藥用部分：種仁。
性味：甘、淡、涼。
效用：種仁有健脾滲濕、除痺止瀉、清熱排膿、鎮咳、抗癌之效，治水腫、腳氣，小便淋痛、不利，濕痺拘攣、脾虛泄瀉、肺癰、腸癰、扁平疣。
蘊藏量：普通。

## 302、金絲草

黃世勳 / 攝影

學名：*Pogonatherum crinitum* (Thunb.) Kunth
科名：禾本科*Gramineae*
別名：筆仔草、必仔草、紅毛草、墻頭草。
藥用部分：全草。
性味：甘、淡、寒。
效用：全草有清熱解毒、利水通淋、涼血、抗癌之效，治黃疸型肝炎、熱病煩渴、淋濁、小便不利、尿血、糖尿病。
蘊藏量：豐多。

## 303、甜根子草

邱年永 / 攝影

學名：*Saccharum spontaneum* L.
科名：禾本科*Gramineae*
別名：猴蔗、黑猴蔗、割手密。
藥用部分：根、莖。
性味：甘、涼。
效用：根、莖有清熱利尿、化痰止咳之效，治咳嗽、熱淋。
蘊藏量：普通。

## 304、水芙蓉

洪心容 / 攝影

學名：*Pistia stratiotes* L.
科名：天南星科*Araceae*
別名：大萍、大蕊萍、大藻、小浮蓮、豬母蓮。
藥用部分：全草。
性味：辛、涼。
效用：全草有祛風發汗、利尿解毒之效，治感冒水腫、皮膚搔癢、麻疹不透。
蘊藏量：普通。

## 305、犁頭草

洪心容 / 攝影

學名：*Typhonium blumei* Nicolson & Sivadasan
科名：天南星科*Araceae*
別名：土半夏、生半夏、山半夏、甕菜癀。
藥用部分：全草。
性味：苦、辛、溫，有毒。
效用：全草有散瘀解毒、消腫止痛之效，治跌打損傷、外傷出血、癰腫。
蘊藏量：豐多。

## 306、月桃

黃世勳 / 攝影

學名：*Alpinia zerumbet* (Persoon) B. L. Burtt & R. M. Smith
科名：薑科*Zingiberaceae*
別名：玉桃、豔山薑、草豆蔻、良薑。
藥用部分：種子。
性味：辛、澀、溫。
效用：種子有燥濕祛寒、除痰截瘧、健脾暖胃之效，治心腹冷痛、胸腹脹滿、痰濕積滯、嘔吐腹瀉。
蘊藏量：豐多。

## 307、閉鞘薑

洪心容 / 攝影

學名：*Costus speciosus* (Koenig) Smith
科名：薑科*Zingiberaceae*
別名：玉桃、虎子花、絹毛鳶尾、水蕉花、廣商陸。
藥用部分：根莖。
性味：辛、酸、微溫、小毒。
效用：根莖有利水、消腫、拔毒之效，治水腫、小便不利、膀胱濕熱、淋濁、無名腫毒、麻疹不透、跌打扭傷。
蘊藏量：普通。

## 308、薑黃

黃世勳 / 攝影

學名：*Curcuma longa* L.
科名：薑科*Zingiberaceae*
別名：黃薑、黃絲鬱金、寶鼎香、鬱金。
藥用部分：根莖。
性味：苦、辛、溫。
效用：根莖有破血行氣、通經止痛之效，治氣血凝滯、經閉腹痛、跌打腫痛、風痺臂痛。
蘊藏量：普通。

## 309、穗花山柰

郭昭麟 / 攝影

學名：*Hedychium coronarium* Koenig
科名：薑科*Zingiberaceae*
別名：山柰、蝴蝶薑、野薑花、蝴蝶花。
藥用部分：根莖。
性味：辛、溫。
效用：根莖有消腫、止痛之效，治風濕關節痛、筋肋痛、頭痛、身痛、咳嗽。
蘊藏量：豐多。

## 310、蘭嶼竹芋

黃世勳 / 攝影

學名：*Donax canniformis* (Forst. f.) Rolfe
科名：竹芋科*Marantaceae*
別名：戈燕。
藥用部分：莖及塊根。
性味：淡、涼。
效用：莖及塊根有清熱解毒、止咳定喘、消炎殺菌之效，治肺結核、氣管、支氣管炎、哮喘、高熱、小兒麻疹合併肺炎、感冒發熱、各種皮膚病。
蘊藏量：稀少。

## 311、竹芋

洪心容 / 攝影

學名：*Maranta arundinacea* L.
科名：竹芋科*Marantaceae*
別名：粉薯、竹篙薯、便利粉、金筍、葛鬱金、箭根薯。
藥用部分：根莖。
性味：甘、淡、寒。
效用：根莖有清肺、利尿之效，治肺熱咳嗽、小便赤痛，亦可供製澱粉。
蘊藏量：普通。

## 312、金線連

黃世勳 / 攝影

學名：*Anoectochilus formosanus* Hayata
科名：蘭科*Orchidaceae*
別名：金線蓮、金綫蘭、本山石松、金錢仔草、樹草蓮。
藥用部分：全草。
性味：甘、平。
效用：全草有涼血、平肝、清熱、解毒之效，治肺癆咯血、糖尿病、支氣管炎、腎炎、膀胱炎、小兒驚風、毒蛇咬傷。
蘊藏量：普通。

## 313、臺灣白芨

洪心容／攝影

學名：*Bletilla formosana* (Hayata) Schltr.
科名：蘭科*Orchidaceae*
別名：小白及
藥用部分：塊莖。
性味：苦、澀、微寒。
效用：塊莖有斂肺止血、消腫生肌之效，治肺結核咯血、支氣管擴張出血、胃及十二指腸潰瘍出血、衄血。
蘊藏量：稀少。

## 314、盤龍參

黃世勳／攝影

學名：*Spiranthes sinensis* (Pers.) Ames
科名：蘭科*Orchidaceae*
別名：綬草、青龍纏柱、龍抱柱、清明草。
藥用部分：全草。
性味：甘、淡、平。
效用：全草有滋陰益氣、涼血解毒、澀精之效，治病後氣血兩虛、少氣無力、氣虛白帶、遺精、失眠、燥咳、瘡腫、吐血、血熱頭痛、腎臟炎、咽喉腫痛、肺癆咯血、消渴、小兒暑熱症。
蘊藏量：稀少。

備註1：龍眼於臺灣植物誌第2版被定名為*Euphoria longana* Lam.，但Comm.當年所定*Euphoria*屬乃指*Litchi*(荔枝屬)，並非指*Dimocarpus*(龍眼屬)，故本書仍建議取*Dimocarpus longan* Lour.當龍眼之學名較佳。

備註2：臺灣欒樹於臺灣植物誌第2版被定名為*Koelreuteria henryi* Dummer。

備註3：山煙草於臺灣植物誌第2版被定名為*Solanum erianthum* D. Don。

# 參考文獻

(※依作者或編輯單位筆劃順序排列)

1. 中國科學院植物研究所 1972~1983 中國高等植物圖鑑(1~5冊)及補編 (1、2冊) 北京：科學出版社。

2. 中國科學院植物研究所 1991 中國高等植物科屬檢索表 臺北市：南天書局有限公司。

3. 甘偉松 1964~1968 臺灣植物藥材誌(1~3輯) 臺北市：中國醫藥出版社。

4. 甘偉松 1991 藥用植物學 臺北市：國立中國醫藥研究所。

5. 林宜信、張永勳、陳益昇、謝文全、歐潤芝等 2003 臺灣藥用植物資源名錄 臺北市：行政院衛生署中醫藥委員會。

6. 邱年永 2004 百草茶植物圖鑑 臺中市：文興出版事業有限公司。

7. 邱年永、張光雄 1983~2001 原色臺灣藥用植物圖鑑(1~6冊) 臺北市：南天書局有限公司。

8. 姚榮鼐 1996 臺灣維管束植物植種名錄 南投縣：國立臺灣大學農學院實驗林管理處。

9. 侯寬昭等 1991 中國種子植物科屬詞典(修正版) 臺北市：南天書局有限公司。

10. 洪心容、黃世勳 2002 藥用植物拾趣 臺中市：國立自然科學博物館。

11. 洪心容、黃世勳 2003 花顏藥語(2004年日誌) 臺中市：文興出版事業有限公司。

12. 洪心容、黃世勳 2004 臺灣鄉野藥用植物(1) 臺中市：文興出版事業有限公司。

13. 洪心容、黃世勳、黃啟睿 2004 趣談藥用植物(上、下) 臺中市：文興出版事業有限公司。

14. 鄭武燦 2000 臺灣植物圖鑑(上、下冊) 臺北市：茂昌圖書有限公司。

（※依英文字母順序順序排列）

臺灣藥用植物資源解說手冊

臺灣藥用植物資源解說手冊